SCHÜLER-LERNKRIMI
PHYSIK

Der geheimnisvolle Code

Story: Nils Reschke
Übungen: Lutz Konetzke

Compact Verlag

Bisher sind in dieser Reihe erschienen:

- Compact Schüler-Lernkrimi Englisch, Französisch, Spanisch, Latein I + II
- Compact Schüler-Lernkrimi Deutsch: Grammatik, Aufsatz
- Compact Schüler-Lernkrimi Mathematik
- Compact Schüler-Lernkrimi Physik

In der Reihe Lernkrimi sind erschienen:

- Compact Lernkrimi Englisch, Französisch, Italienisch, Spanisch: Grundwortschatz, Aufbauwortschatz, Grammatik, Konversation
- Compact Lernkrimi Englisch GB/US: Grammatik, Konversation
- Compact Lernkrimi Business English: Wortschatz, Konversation
- Compact Lernkrimi Deutsch: Grundwortschatz, Grammatik

In der Reihe Lernthriller sind erschienen:

- Compact Lernthriller Englisch: Grundwortschatz, Aufbauwortschatz, Grammatik, Konversation

In der Reihe Lernstory Mystery sind erschienen:

- Compact Lernstory Mystery Englisch: Grundwortschatz, Aufbauwortschatz

In der Reihen Lernkrimi History sind erschienen:

- Compact Lernkrimi English History: Grundwortschatz, Aufbauwortschatz, Grammatik, Konversation

In der Reihe Hörbuch Lernkrimi sind erschienen:

- Compact Hörbuch Lernkrimi Englisch: Geübte Anfänger, Fortgeschrittene

Weitere Titel sind in Vorbereitung.

Chefredaktion: Dr. Angela Sendlinger
Redaktion: Iris Glahn
Fachredaktion: Rainer Wilzbach
Produktion: Wolfram Friedrich
Titelillustration: Karl Knospe
Typografischer Entwurf: Maria Seidel
Umschlaggestaltung: Carsten Abelbeck

ISBN-13: 978-3-8174-7671-8
ISBN-10: 3-8174-7671-X
7276711

Besuchen Sie uns im Internet: www.compactverlag.de

Vorwort

Mit dem neuen, spannenden Compact Schüler-Lernkrimi kannst du deine Physikkenntnisse auf schnelle und einfache Weise vertiefen, auffrischen und überprüfen.

Die pfiffigen Freunde Arne, Björn und Leonie erleichtern das Physiktraining mit Action und Humor. Die drei und ihre Verfolgung einer Diebesbande stehen im Mittelpunkt einer zusammenhängenden Story.
Der Krimi wird auf jeder Seite durch abwechslungsreiche und kurzweilige Übungen ergänzt, die das Lernen unterhaltsam und spannend machen.
Prüfe deine Physikkenntnisse in Übungen zur z. B. Optik, Wärmelehre und Energietechnik!
Dieses Physiktraining im handlichen Format bietet mit 70 Übungen die ideale Übungsmöglichkeit für zwischendurch.
Lege dir ein Heft an, in das du die Lösungen schreibst.
Die richtigen Antworten sind in einem eigenen Lösungsteil zusammengefasst.

Und nun kann die Spannung beginnen …

Viel Spaß und Erfolg!

Inhalt

Story

Nach den Sommerferien beginnt für die drei Freunde Arne, Björn und Leonie wieder ein neues Schuljahr am Max-Planck-Gymnasium in Fuchstal. Doch bereits am ersten Schultag erwartet sie eine spannende Überraschung.

Der Direktor ihres Gymnasiums kündigt eine Ausstellung über den Namensgeber ihrer Schule an. Alle Schüler arbeiten hierfür an eigens ausgesuchten Projekten, sogar Exponate aus Max Plancks persönlichem Besitz werden der Ausstellung zur Verfügung gestellt. Doch dann geschieht das Unfassbare. Das Gymnasium wird Schauplatz eines hinterhältigen Einbruchs. Neugierig begeben sich Arne, Björn und Leonie auf die spannende Spurensuche. Doch was die drei noch nicht ahnen – nicht nur die Ausstellung ist bedroht, sondern auch ihre Freundschaft. Wird es ihnen dennoch gelingen, gemeinsam den Einbruch ins Gymnasium aufzuklären und die dreisten Diebe zu stellen?

Der geheimnisvolle Code

Der Frühnebel lichtete sich und das Moor in Fuchstal – ein kleines, beschauliches Städtchen im Münsterland – erwachte in all seiner Pracht zum Leben. Das Fuchstaler Moor lag am Rande der Stadt und war ein wahres Paradies an Flora und Fauna. Dort gab es den Lungenenzian, dessen blaue Blüten ein wenig wie Trompeten aussahen, das vom Aussterben bedrohte Sumpfknabenkraut oder auch die Schwanenblume. An diesem herrlichen Sommermorgen krabbelte ein Salamander über einen mit Moos bedeckten Stein und reckte den Kopf in die Höhe, als wollte er Fuchstal einen guten Morgen wünschen. Die ersten Vögel begannen zu zwitschern und immer mehr stimmten in ihr fröhliches Lied ein. Es hatte den Anschein, als würde es ein wunderschöner Sommertag werden.

Für die Schüler des Max-Planck-Gymnasiums begann der letzte Ferientag – an diesem Tag würden die Türen des altehrwürdigen Gymnasiums noch geschlossen bleiben. Namensgeber der Schule war der deutsche Physiker Max Karl Ernst Ludwig Planck, der 1848 in Kiel geboren wurde. Da der Grundstein des Fuchstaler Gymnasiums am 4. Oktober 1977, dem 30-jährigen Todestag Plancks, gelegt wurde, hatten sich die Stadtväter von Fuchstal nicht lange den Kopf zerbrochen und dem Vorschlag zugestimmt, Max Planck zum Namenspatron der neuen Schule zu machen. Ganz zur Freude von Gottfried Neibliz – dem allseits gefürchteten Physiklehrer des Max-Planck-Gymnasiums. Noch heute erzählte man sich gern die Anekdote, dass Neibliz fast täglich mit Blumen und Pralinen in der Hand beim Bürgermeister vorgesprochen hatte, damit dieser Max Planck als Namensgeber des Gymnasiums im Stadtrat vorschlug.

Aber heute sollte es noch einen ganzen Tag dauern, bis Gottfried Neibliz seine Schüler wieder mit seinen gefürchteten Physiktests in Angst und Schrecken versetzen konnte. Noch lag friedliche Stille über dem Münsterland. Doch schon bald sollte die trügerische Ruhe in Fuchstal ein jähes Ende finden.

ÜBUNG 1 !

Übung 1: Max Planck war ein großer Naturforscher, der im Jahre 1918 den Nobelpreis für Physik erhielt. Doch bevor er sich mit sehr schwierigen Themen wie der Quantenphysik beschäftigen konnte, musste auch er – genau wie du – sich mit den Grundlagen der Naturwissenschaften vertraut machen. Beginne mit drei W-Fragen: Womit beschäftigt sich die Physik? Wozu werden Experimente durchgeführt? Was hat die Mathematik damit zu tun?

Er trug einen weißen Kittel und stand in einem bis auf den letzten Platz gefüllten Hörsaal der Universität. Die gespannten Gesichter der Zuschauer richteten sich abwechselnd auf ihn und auf die riesige Apparatur, die neben ihm aufgebaut war. Mit dieser Apparatur würde er zeigen, wie leicht es war, Kräfte zu zerlegen und so das Gewicht zu seiner Rechten in die Höhe zu hieven. Ein Raunen würde den Saal erfüllen, wenn er die scheinbar unbewegliche Masse mittels des daran befestigten Seils wie eine Feder emporsteigen ließe. Wahre Begeisterungsstürme und unzählige Gratulationen erwarteten ihn ...
Plötzlich klingelte der Wecker und Arnes Gesichtszüge verzerrten sich. Er tastete mit zusammengekniffenen Augen nach der rasselnden Uhr. Als er sie gefunden hatte, beförderte er sie in hohem Bogen durch den Raum. Der Lärm erstarb, als sie auf dem Boden aufschlug – endlich war es wieder still im Zimmer. Doch nun war Arne Averbeck wach.
Langsam öffnete er die Augen und blinzelte in Richtung Fenster, wo die Sonnenstrahlen bereits durch die Ritzen der Jalousie fielen. „So etwas Dummes“, dachte Arne, „da träume ich ausgerechnet an

meinem letzten Ferientag von irgendwelchen Hörsälen und Experimenten!"

Arne Averbeck war ein echtes Ass in Physik und damit so etwas wie der Lieblingsschüler von Gottfried Neibliz. Doch da der Physiklehrer des Max-Planck-Gymnasiums grundsätzlich alle Schüler für faul und zu wenig wissbegierig hielt, bekam auch Arne regelmäßig eine von Neibliz' Standpauken zu hören. Nichtsdestoweniger mochte Arne die Physik sehr. Dennoch behagte es dem Jungen nicht, in der Nacht vor seinem letzten Ferientag von Physikexperimenten zu träumen.

„Schnell ins Bad", dachte er sich.

Als er noch ein wenig schlaftrunken aus seinem Zimmer stapfte, fiel ihm die erfreuliche Tatsache ein, dass er nach dem Frühstück mit seinen besten Freunden Björn und Leonie verabredet war. Die Schule konnte noch einen Tag warten!

Übung 2: Wie nennt man diese Apparatur, von der Arne träumte? Welche Gewichtskraft darf die zu hebende Last nicht überschreiten, wenn Arne eine Kraft von maximal 420 N aufbringen kann und die Apparatur vier tragende Rollen hat? Wie lang ist das Zugseil, das er nach unten ziehen muss, wenn die Last dabei 1,5 m nach oben befördert werden soll? Kann man nur mit diesen Angaben das Maximalgewicht der zu hebenden Last berechnen?

! ÜBUNG 2

Als Arne die Treppe herunterging, schallte ihm bereits lautstark ein alter Schlager entgegen. Er öffnete die Küchentür und sah, dass der Frühstückstisch schon reichhaltig gedeckt war. Sein Vater sang lauthals das Lied aus dem Radio mit, während er am Herd stand und Rührei zubereitete. Als er Arne bemerkte, rief Rufus Averbeck übermütig:

„Guten Morgen, mein Sohn! Ist das nicht ein prächtiger Tag heute?"

„Guten Morgen“, brummte Arne müde zurück.
Seitdem Rufus Averbeck vor einer Woche die Nachricht erhalten hatte, dass er der neue Chef des Kulturbüros in Fuchstal werden sollte, war seine Laune schon fast unanständig gut. Im Prinzip hatte Arne überhaupt nichts dagegen einzuwenden, dass sein Vater gute Laune hatte, zumal sie sich meist positiv auf sein Taschengeld auswirkte. Doch zurzeit suchte Arne am liebsten das Weite, sobald sein Vater auch nur in der Nähe war. Beim Frühstück bestand allerdings keine Möglichkeit, ihm geschickt aus dem Weg zu gehen.
„Hier, Sohnemann, damit du groß und stark wirst“, frohlockte Herr Averbeck und reichte Arne das Rührei mit Speck, dessen köstlicher Duft die ganze Küche erfüllte. In diesem Moment kam auch Arnes Mutter herein und zwinkerte ihrem Sohn zu:
„Wie ich sehe, kann deinem Vater wieder einmal nichts und niemand dic Laune verderben.“ Arne lächelte gequält und stocherte weiter auf seinem Teller herum.
„Warum auch?“, freute sich Rufus Averbeck. „Schließlich ist heute mein großer Tag. Ich werde die Nachfolge von Richard übernehmen!“
Richard Liebknecht war Leiter des Kulturbüros und langjähriger Freund von Arnes Vater. Seine Verabschiedung in den Ruhestand sollte an diesem Tag stattfinden und es war klar, dass Rufus Averbeck die Stelle übernehmen würde.
„Weißt du, Arne ...“ Wieder einmal wollte Rufus Averbeck mit einem seiner Lobeslieder auf „seinen Richard“ beginnen, als ein lauter Knall erschallte und schwarze Rauchschwaden in die Höhe stiegen.
„Bei aller Euphorie, Rufus! Du hast das Rührei auf der heißen Herdplatte stehen lassen – und die Sicherung ist auch wieder herausgesprungen! Seit Wochen predige ich schon, dass wir einen neuen Herd brauchen.“

„Dicke Luft – Zeit für mich, zu gehen!“, dachte Arne. „Ich bin dann mal weg“, rief er seinen Eltern beim Verlassen der Küche zu. Wenig später schwang er sich auf sein Rad, um seine Freunde Leonie und Björn nicht länger warten zu lassen.

Übung 3: Bei Familie Averbeck ist eine Sicherung herausgesprungen. Warum springen Sicherungen heraus? Geh einmal zum Stromverteilerkasten in deiner Wohnung und schau dir die Sicherungen an. Sie haben einen Kippschalter oder einen Druckkopf und tragen die Aufschrift „10A“, „16A“, „25A“ oder sogar „63A“. Was bedeuten diese Angaben?

„Wir kommen wieder einmal zu spät“, nörgelte das große Mädchen mit den kastanienbraunen Haaren. Meist sind es ja die Eltern, die ihre Zöglinge zur Pünktlichkeit ermahnen, doch im Hause Baumgarten war alles etwas anders. Die drängelnde Stimme gehörte Leonie Baumgarten, der Tochter von Julius Baumgarten, einem bisweilen etwas zerstreuten Mann mit zerzausten grauen Haaren.
„Ist ja schon gut, Leonie. Ich komme sofort.“ Julius Baumgarten klemmte einen ganzen Stapel Bücher unter seinen rechten Arm. „Kein Grund zur Eile.“ Als er noch nach einem Brief griff, der auf der Kommode lag, rutschten ihm plötzlich seine Bücher aus dem Arm und purzelten allesamt auf den Fußboden. Leonie rollte mit den Augen.
„Gib mir schon einmal den Autoschlüssel“, drängte sie und eilte in den Vorgarten. Der laue Sommerwind fegte durch ihre Haarpracht. Leonie, die einen Kopf größer als ihr Vater war, schloss den am Straßenrand stehenden Wagen auf. Dann eilte sie in die Garage, um ihr Fahrrad zu holen und es im Kofferraum des Autos zu verstauen – ihr Vater sollte sie bis zur Bücherei mitnehmen, damit sie etwas Zeit einsparen konnte. Die Bücherei befand sich direkt im

Zentrum von Fuchstal und Julius Baumgarten war ihr Bibliothekar. Über der Bücherei befand sich zudem die städtische Musikschule. Leonies Vater hatte immer versucht, seine Tochter dazu zu bewegen, ein Instrument zu erlernen, doch leider ohne großen Erfolg. Leonie Baumgarten hatte ihren eigenen Kopf. Sie war eine ausgezeichnete Leichtathletin und hatte sich recht früh voll und ganz dem Sport verschrieben.

„Ich will ja nicht nerven, aber ich lasse meine Freunde wirklich ungern warten. Und du solltest es mit deinen Büchereibesuchern genauso handhaben“, rief Leonie ihrem Vater zu, der gerade das Haus verließ.

„Okay, wir können los. Haben wir denn auch nichts vergessen?“ Julius Baumgarten hielt einige Sekunden inne, um nachzudenken. Da ihm aber nichts einfiel, was er noch hätte mitnehmen müssen, stieg er ins Auto und startete den Anlasser. Doch der gelbe Oldtimer, den Arne immer scherzhaft „Baumgartens Gummiboot“ nannte, sprang wieder einmal nicht an. Erst beim vierten Versuch

fing der Motor an zu stottern. Mit quietschenden Reifen fuhr das gelbe Gefährt los und hinterließ Reifenspuren auf dem Asphalt. „Geht es vielleicht auch etwas langsamer?“ Leonie rutschte nervös auf dem Beifahrersitz hin und her, während ihr Vater durch die Straßen von Fuchstal düste und dabei immer wieder auf seine Armbanduhr schaute.

Übung 4: Das Quietschen der Reifen und die schwarzen Spuren beim rasanten Anfahren oder starken Abbremsen sind hör- und sichtbare Beweise für das Wirken von Reibungskräften. Wann drehen Reifen durch? Nenne drei Arten der Reibung und Beispiele für die Vorteile und Nachteile, wenn Öl diese Reibungskräfte verringert.

„Erst geht es dem Fräulein nicht schnell genug, jetzt gibt es wieder etwas zu kritisieren. Mache ich dir überhaupt etwas recht?“ Herr Baumgarten grinste. Schließlich bog der gelbe Oldtimer um die Ecke und Julius Baumgarten parkte zielsicher auf dem für ihn reservierten Parkplatz direkt vor der Bücherei ein. Leonie und ihr Vater stiegen aus dem Auto. Während Leonie ihr Fahrrad aus dem Kofferraum hob, fielen dem Bibliothekar ein zweites Mal seine Bücher auf den Boden.
„Respekt, Herr Baumgarten!“, Arne bückte sich nach unten, um Leonies Vater behilflich zu sein. „Jahrelange Übung, die Sache mit dem Einparken, was?“ Julius Baumgarten musste schmunzeln.
„Kann man nicht anders sagen.“ Er griff sich seine Bücher, wünschte den Kindern einen schönen Tag und verschwand in der Bücherei. Jetzt gesellte sich auch Leonie zu Arne.
„Björn ist schon wieder der Letzte. Wo bleibt er nur?“
Zur gleichen Zeit, aber noch gute drei Kilometer entfernt, strampelte sich ein kleiner nicht besonders schlanker Junge auf seinem neuen Mountainbike ab. Björn hatte gestern Geburtstag gehabt

und das Rad von seinen Eltern geschenkt bekommen. Björn Veiste, Leonies und Arnes Freund, war spät dran und wusste, dass seine Freundin Unpünktlichkeit nicht leiden konnte. Also trat er noch kräftiger in die Pedale, um nicht mit allzu großer Verspätung bei der Bücherei einzutreffen. Aber schließlich gab es einen guten Grund dafür. Seine Mutter hatte darauf bestanden, Björn drei riesige Lunchpakete, dazu die Reste des Geburtstagskuchens und Kakao-Trinkpäckchen für ihn und seine Freunde einzupacken. Das alles war Björn wie eine Ewigkeit vorgekommen.

„Ich bin schon spät dran, Ma“, hatte Björn im Minutentakt wiederholt. Doch Frau Veiste hatte sich nicht aus der Ruhe bringen lassen.

Mit prall gefüllten Satteltaschen und einem viel zu großen Rucksack auf dem Rücken keuchte Björn durch die Straßen von Fuchstal. Die Schweißtropfen liefen ihm über die Stirn und er schnappte nach Luft. Endlich erreichte Björn seine Freunde, die schon vor der Bücherei auf ihn warteten.

„Aha, dann können wir ja endlich los!“, jubilierte Leonie und stieg auf ihr Rad.

„Jetzt mal langsam“, prustete Björn. „Lass mich erst einmal durchatmen. Wo soll es überhaupt hingehen?“ Leonie und Arne hatten ihm nichts verraten, nur dass er eine Decke mitnehmen sollte. Insgeheim hatten sie auch gehofft, dass Björns Mutter sie mit ausreichend Proviant versorgen würde.

ÜBUNG 5 !

Übung 5: Björn ist etwas spät dran. Um dies wieder wettzumachen, muss er etwas kräftiger in die Pedale treten. Die 1,8 km lange Strecke fährt er normalerweise in 10 Minuten. Mit welcher Geschwindigkeit muss er durchschnittlich fahren, damit er diesen Weg in 2/3 der Zeit schafft? Gib die Geschwindigkeiten in m/s und auch km/h an.

„Das ist eine Überraschung!“, entgegnete Arne nur kurz auf die Frage seines Freundes. „Und? Genug Luft getankt?“ Arne schwang sich auf seinen Sattel.
„Es wird schon gehen“, entgegnete Björn mit hochrotem Kopf. Er versuchte sich seine Erschöpfung nicht anmerken zu lassen und verwies stattdessen stolz auf sein neues Rad: „Schaut mal, das habe ich zum Geburtstag bekommen!“
„Hm, nicht schlecht“, erwiderten Björns Freunde, verzogen jedoch kaum eine Miene. Björn wunderte sich. Hatten seine besten Freunde tatsächlich seinen Geburtstag vergessen?
Auf dem Max-Planck-Gymnasium musste der kleine rundliche Junge oft unter den Hänseleien seiner Mitschüler leiden. Leonie und Arne hatten sich aber schon vor langer Zeit auf seine Seite geschlagen. Dass ausgerechnet sie seinen Geburtstag vergessen hatten, machte ihn stutzig. Schnell wechselte Björn deswegen das Thema: „Also, wohin führt uns der Weg am letzten Ferientag?“ Die ganzen Sommerferien über hatten die drei Freunde gemeinsam Ausflüge unternommen und immer abwechselnd einen von ihnen bis zum Schluss im Ungewissen über das Ziel gelassen. Sie waren im Freibad gewesen, hatten die Sternwarte besucht oder waren mit Herrn Averbeck an dessen freiem Tag in den benachbarten Freizeitpark gefahren. Und heute, was Björn noch nicht wusste, fuhren sie ins Fuchstaler Moor.
Nach etwa drei Vierteln der Strecke, Björn japste zunehmend, lüftete Leonie schließlich das Geheimnis.
„Keine Bange, Björn“, meinte sie mit leicht besorgtem Blick auf dessen dicke Schweißperlen, „wir sind bald da. Wir fahren ins Moor. Ich nehme an, deine Mutter hat dich, auch ohne von unseren Plänen zu wissen, ausreichend mit Proviant versorgt?“ Leonie und Arne grinsten und Björn schaute die beiden verdutzt an und musste dann auch selbst lachen.

„Manchmal glaube ich, ihr kennt meine Mutter besser als ich.“ Fröhlich fuhren die drei Freunde der Moorlandschaft am Rande Fuchstals entgegen. Als sie schließlich angekommen waren, schlossen sie ihre Räder ab und wanderten eine Weile auf den dafür vorgesehenen Wegen mitten ins Moor hinein.

„Hier vorn muss irgendwo ein Rastplatz sein“, meinte Arne. Und tatsächlich, nach der nächsten Wegbiegung öffnete sich zwischen den Sträuchern eine Lichtung, auf der ein Picknickplatz war. Die drei Freunde breiteten ihre Decken aus. Björn holte Kakao und Kuchen aus seinem Rucksack.

„Der Rest von meinem Geburtstagskuchen“, meinte er fast verlegen.

„Ach ja“, zwinkerte Arne Leonie zu. „Der junge Mann hatte ja Geburtstag. Das hier ist von uns.“ Arne reichte Björn ein kleines Päckchen. Björn riss das Papier schnell auf.

„Cool, Magneten!“

„Damit kann man tolle Sachen anstellen!“, erklärte Arne.

! ÜBUNG 6

Übung 6: Magnete sind in der Tat etwas Phänomenales. Welche Modellvorstellung benutzt man in der Physik, um folgendes Experiment zu beschreiben: Wenn ein Stabmagnet mit Nord- und Südpol in zwei Teile zerbrochen wird, entstehen zwei neue Magnete mit jeweils einem eigenen Nord- und Südpol.

Die drei Freunde saßen auf ihren Decken auf einer Wiese im Moor und wurden von den Vögeln, die in den Bäumen saßen, neugierig beobachtet. Der Schokoladenkuchen schmeckte den dreien vorzüglich. Frau Veiste hatte sich wieder einmal selbst übertroffen. Nach und nach verputzten Leonie, Arne und Björn ihre Stücke und tranken dazu Kakao. Als Björn vorschlug, sich am besten auch gleich über die Lunchpakete herzumachen, brachen alle drei in schallendes Gelächter aus.

„Du kriegst wohl nie genug", gluckste Leonie und wusste nicht, ob ihr Bauch mehr vom Lachen wehtat oder ob es der Geburtstagskuchen war, der da drückte.
Die Mittagssonne stand hoch über dem Moor. Überall zirpten die Grillen und die Frösche quakten im Chor. Zur Verwunderung der beiden Jungen zog Leonie ihr Physikbuch aus dem Rucksack und schlug es auf.
„Ihr kennt doch Herrn Neibliz. Jede Wette, dass er gleich in der ersten Stunde einen Test für uns parat hat." Arne schüttelte ungläubig den Kopf.
„Du kennst doch noch nicht einmal unseren Stundenplan." Björn aber pflichtete Leonie in diesem Punkt bei:
„Du hast gut reden, Arne – du bist ja auch der Musterschüler in Sachen Physik." Dann widmeten sie sich wieder den Magneten, die Björn soeben geschenkt bekommen hatte.
Der Gesang der Vögel wurde auf einmal jäh durch ein stotterndes Geräusch unterbrochen. Verwundert wendete Leonie den Kopf von ihrem Buch ab und auch Björn und Arne beendeten verdutzt ihr Spiel mit den Magneten. Arne sprang auf und lugte durch die Büsche.
„Was macht denn das Auto da?", fragte er die beiden anderen im Flüsterton.
Jetzt standen auch Leonie und Björn auf. Sie sahen, wie ein junger Mann aus dem roten Kleinwagen stieg und seinen Fuß fluchend gegen den Hinterreifen stieß. Die drei Freunde hörten ihn schimpfen: „Mistkarre!"
„Den kenne ich doch!", meinte Leonie. Doch Arne und Björn zuckten nur mit den Schultern. Sie hatten den Mann noch nie gesehen. Während Leonie noch immer grübelte, woher ihr der Mann mit seinen blonden Haaren bekannt vorkam, beobachtete Arne ihn weiter.

„Was er da wohl treibt – vor allem mit einem Auto mitten im Naturschutzgebiet?“, rätselte der Junge. Arne und Björn waren Feuer und Flamme. Nur Leonie war nicht sonderlich interessiert und widmete sich wieder ihrem Physikbuch.

ÜBUNG 7 !

Übung 7: Arne und Björn spielen mit den Magneten. Dabei handelt es sich um sogenannte Dauermagnete. Beschreibe den Vorgang der Magnetisierung mit dem Modell der Elementarmagnete und erkläre was weich- bzw. hartmagnetische Stoffe sind.

Geschlagene zwei Stunden hatten sich Arne und Björn im Schutz einer mächtigen Brombeerhecke auf die Lauer gelegt. Immer wieder hatte der Mann versucht, seinen Wagen anspringen zu lassen. Allerdings ohne Erfolg. Zwischendurch hatte er mehrmals zum Handy gegriffen und wild gestikuliert. Einmal war er auch umhergewandert und sah dabei aus, als würde er etwas suchen. Bei einem besonders mächtigen Stein, der sich vor einem noch größeren Busch türmte, hatte er einen Moment innegehalten und zufrieden genickt.

Nun saß er wieder im Wagen und ließ den Motor gurgeln. Das Auto japste – und auf einmal sprang der Wagen an! Mit stotterndem Auspuff tuckerte das rote Auto geradewegs an der Brombeerhecke, hinter der sich Arne und Björn versteckten, vorbei. Arne und Björn zogen die Köpfe ein.

„Was war das denn für ein Auftritt?“ Björn rieb sich die Augen. Arne antwortete nicht.

„Los, ich hab’ Lust, zu schwimmen!“ Leonie riss die beiden Jungen aus ihren Gedanken. „In einer halben Stunde könnten wir im Freibad sein“, meinte sie.

„Ich habe aber mein Schwimmzeug vergessen“, log Arne. Er hasste schwimmen. Die Wahrheit war: Er konnte es kaum.

„Nun gib dir einen Ruck, wir können ja auch Beachvolleyball spielen", versuchte Leonie ihn zu überzeugen.
„Mit welchem Ball denn?" Arne ließ nicht locker.
„Na, euer Haus liegt doch auf dem Weg. Holen wir ihn einfach vorher." Auch Björn fand, dass Leonies Idee gut war – eine Partie Volleyball und danach ein erfrischendes Bad waren bei dem schönen Wetter ideal.
Arne fühlte sich überrumpelt. Aufs Freibad hatte er nun wirklich keine Lust. Auf der anderen Seite war heute der letzte Ferientag, und den wollte er mit seinen Freunden verbringen. Also packten die drei ihre Sachen zusammen, entsorgten vorbildlich ihren Müll und stiegen auf ihre Fahrräder.
Für Leonie waren die Ferien scheinbar schon beendet – den ganzen Weg über löcherte sie Arne mit Physikfragen, die er allesamt geduldig beantwortete. Björn stellte dabei mit Schrecken fest, dass er so gut wie nichts vom Unterrichtsstoff des letzten Schuljahres behalten hatte.
Arne lauschte Leonies Fragen, doch immer wieder wanderten seine Gedanken zu dem Mann mit dem roten Auto. Das lenkte ihn zumindest davon ab, an das Freibad zu denken – ein Ort, an dem er sich nicht sonderlich wohlfühlte. Doch so weit sollte er an diesem Nachmittag gar nicht mehr kommen. Denn am Hause Averbeck angekommen, hörten die drei Freunde bereits aus einigen Metern Entfernung, dass Unheil drohte.

Übung 8: In einem Freibad kann man nicht nur schwimmen, sondern auch tauchen. Dabei spürt man in größerer Tiefe den Schweredruck des Wassers am deutlichsten in den Ohren. Hat dieser Druck etwas mit der Größe des Schwimmbeckens zu tun? Um wie viel Prozent steigt der Druck p, wenn man 5 m tief taucht (Luftdruck p_{Luft} = 1000 hPa). Runde sinnvoll!

ÜBUNG 8 !

„Nein, ich will mich aber nicht beruhigen!“, schallte es aus dem Haus Nummer 4 der Kopernikusgasse, in dem Arne Averbeck mit seinen Eltern wohnte. Arne, Björn und Leonie näherten sich vorsichtig dem Grundstück und vernahmen die Stimme von Rufus Averbeck. „Das ist eine bodenlose Unverschämtheit!“

Arne hatte sein Fahrrad am Gartenzaun abgestellt und schlich zögerlich Richtung Haustür. Als er sich zu seinen Freunden umschaute, saßen die noch immer mit einem gehörigen Sicherheitsabstand zum Haus der Averbecks auf ihren Rädern. Björn zuckte nur verlegen mit den Schultern.

„Geh du mal nachschauen“, meinte er kurz. „Wir warten so lange. Und vergiss den Volleyball nicht“, fügte er noch schnell hinzu.

Arne blieb wohl keine andere Wahl. Er kramte nach seinem Schlüssel und öffnete behutsam die Tür. Leonie und Björn beobachteten ihn neugierig, als er vorsichtig in die Wohnung ging. Der Lärm aus dem Haus hatte sich gelegt. Die zwei Zurückgelassenen warteten eine geschlagene Viertelstunde. Dann erst öffnete sich die Tür erneut und Arnes Kopf lugte hervor:

„Das wird wohl heute nichts mehr“, meinte er zu seinen zwei Freunden, die ihn mit großen Fragezeichen in den Augen anstarrten. „Ich erzähle euch alles morgen in der Schule, okay? Ist wohl besser, wenn ich jetzt hierbleibe.“ Ohne einen weiteren Kommentar schloss er die Tür und ließ Björn und Leonie zurück, die sich ratlos anschauten.

„Und nun?“, fragte Björn.

„Dann fahren wir eben allein ins Freibad“, antwortete Leonie und brachte ihr Rad in Schwung.

Im Hause Averbeck herrschte derweil dicke Luft. Als Arne ins Haus geschlichen war, war sein Vater in der Küche auf und ab gelaufen, hatte drohend die Faust erhoben und mit lauter Stimme vor sich hin geflucht. Jetzt, da Arne wieder zurück in die Küche kam, saß Rufus Averbeck nur noch fassungslos am Tisch und hatte die Hände vors Gesicht geschlagen.

ÜBUNG 9 !

Übung 9: Bei Familie Averbeck herrscht dicke Luft. In der Physik kennen wir nur hohen oder tiefen Luftdruck. Wir nehmen an, das Wetter ändert sich schnell. Der Luftdruck sinkt von 1010 hPa auf 975 hPa. Familie Averbeck befindet sich in einem Raum mit einer Grundfläche von 6 m · 4,5 m und einer Höhe von 2,5 m. Strömt in dieser Zeit zusätzlich Luft in diesen Raum oder entweicht etwas von der vorhandenen Luft? Wie groß ist die Menge dieser Luft in Litern? Unter welcher Voraussetzung kann man diese Berechnung nur durchführen?

„Was ist eigentlich los?“, flüsterte Arne. „Ist irgendetwas Schlimmes passiert?“, wollte er wissen.

„Das kann man wohl sagen!“ Herr Averbeck sprang erneut von seinem Stuhl auf. „Die haben mir die Stelle als Chef des Kulturbüros nicht gegeben.“ Und wieder ragte seine Faust drohend zum Himmel. Arne zog es vor, das Weite zu suchen, und beschloss, sich den Rest seines letzten Ferientages damit zu vertreiben, an einem alten Transistorradio zu basteln.

Am nächsten Morgen trafen sich Björn, Leonie und Arne auf dem Schulhof des Max-Planck-Gymnasiums, direkt am großen Brunnen. Ausnahmsweise war Arne heute der Letzte, der dazukam. Björn und Leonie waren vor lauter Neugierde schon zehn Minuten früher als sonst da, weil sie unbedingt wissen wollten, was gestern bei den Averbecks geschehen war. Kaum hatten sie Arne erblickt, der an den Fahrradständern sein Rad abschloss, riefen sie ihm entgegen:

„Jetzt sag schon, was war los?“ Eine Gruppe von Fünftklässlern, die sich an ihrer neuen Schule offensichtlich erst noch zurechtfinden mussten, drehten sich verwundert um. Arne kam näher und begann schließlich seinen Freunden von den Ereignissen im Hause Averbeck zu berichten.

„Und“, fragte Leonie, als Arne fertig war, „wer wird nun der neue Kulturbüro-Leiter?“

„Ich habe keinen blassen Schimmer“, meinte Arne. „Mein Vater war so niedergeschlagen, da habe ich es einfach nicht übers Herz gebracht, ihn danach zu fragen. Meine Mutter meinte heute Morgen, es sei vielleicht besser, das Thema erst einmal nicht anzuschneiden.“

„Verständlicherweise“, Björn nickte, während er nach einem seiner Pausenbrote griff und es genüsslich mit zwei Bissen verschlang.

„Ich frage heute nach der Schule gleich einmal meinen Vater“, sagte Leonie. „Vielleicht weiß der ja mehr.“

„Gute Idee“, entgegnete Björn flüchtig, als er bereits nach der zweiten Schinkenschnitte in seiner Schultasche fingerte. Arne aber nickte nur stumm mit dem Kopf. Ihm tat sein Vater leid, der sich so sehr auf sein neues Amt gefreut hatte.

Die Schulglocke klingelte und die drei Freunde wussten, dass die Ferien jetzt offiziell beendet waren. Gemeinsam schlenderten sie ins Schulgebäude direkt zum Schwarzen Brett, um nach ihrem neuen Stundenplan zu schauen. Neugierig richteten sie ihren Blick auf die Spalte mit der Überschrift „7d“, dann wanderten ihre Augen weiter auf Montag und schließlich auf die erste Stunde. Entsetzen machte sich in zwei Augenpaaren breit.
„Das ist nicht ihr Ernst!“, Björn verschluckte sich am letzten Bissen seines Pausenbrots.
„Und dann noch gleich eine Doppelstunde!“, stöhnte Leonie. Nur Arnes Laune hatte sich sichtlich verbessert.
„Ich weiß überhaupt nicht, was ihr habt. So schlimm ist Physik doch gar nicht.“

Übung 10: Physik ist wirklich nicht so schlimm und kann uns alltägliche Dinge begreiflich machen. Kannst du physikalisch erklären, warum ein tatsächlich schwarzes Brett schwarz und ein Blatt Papier weiß ist? Warum ist ein Ball rot? Benutze dabei die Begriffe „Spektralfarbe“ und „Komplementärfarbe“.

ÜBUNG 10 !

Also machten sich die drei auf die Suche nach ihrem neuen Klassenraum, wobei Leonie und Björn sichtlich weniger vergnügt als Arne waren. Den Ärger und Frust seines Vaters hatte Arne längst vergessen. Stattdessen versuchte er seine Freude über eine Doppelstunde Physik mit seinen zwei Wegbegleitern zu teilen.
„Ich bin ja mal gespannt, welchen neuen Stoff wir zuerst behandeln. Widerstände oder elektrische Spannung wären fabelhaft, dann kann ich endlich das alte Transistorradio meines Opas reparieren“, meinte der begeisterte Bastler. Aufmunternd schaute Arne seine Freunde an. Aber Leonie und Björn zuckten nur mit den Schultern.

„Ein spannendes Thema wäre gewiss auch die Solarenergie“, doch seine Versuche waren vergebens. Dann bogen die drei auf dem langen Gang um die Ecke und erreichten schließlich pünktlich das Klassenzimmer der 7d. Es schellte zum Stundenbeginn.
„Vielleicht nehmen wir ja sogar Astronomie durch“, spekulierte Arne. Auf einmal wurde auch Leonie hellhörig.
„Glaubst du wirklich?“ Leonie war nicht nur eine begeisterte Leichtathletin, sondern hatte sich auch auf dem Dachboden der Baumgartens eine kleine Sternwarte samt Teleskop eingerichtet – einer der Gründe, warum Björn und Arne in den Ferien so oft bei ihr zu Besuch gewesen waren. Gemeinsam hatten sie in die Sterne geblickt oder mit einem passenden Filter den Sonnenuntergang beobachtet. Die Aussicht, tatsächlich Astronomie im Physikunterricht durchzunehmen, verbesserte Leonies Laune schlagartig. Doch die hielt nur für kurze Zeit an. Gerade hatten sich Leonie, Arne und Björn einen freien Platz gesucht, als auch schon die Tür des Klassenraums der 7d laut zuknallte.
„Ich darf um Ruhe bitten!“, dröhnte eine tiefe Stimme. Björn fuhr zusammen. Am Lehrerpult hatte sich Gottfried Neibliz aufgebaut. Herr Neibliz war ein Mann von stattlicher Größe, der zwar keine Haare mehr auf dem Kopf hatte, aber dafür einen mächtigen Schnauzbart trug. Durch eine dicke Hornbrille funkelte sein strenger Lehrerblick.
„Ein Test zur Überprüfung des Lernstoffs von letztem Schuljahr ist der ideale Einstieg ins neue Schuljahr“, polterte Gottfried Neibliz los. Entsetzt blickten die Schüler in die Runde. Björns Gesicht hatte sogar panische Züge angenommen.
„Schluss mit dem Gemurmel! Jeder holt jetzt ein leeres Blatt Papier hervor“, triumphierte Herr Neibliz. Plötzlich schnarrte es. Ein sicheres Zeichen dafür, dass gleich eine Durchsage aus dem Sekretariat folgen sollte.

Übung 11: Da wird Leonie leider Pech haben: Astronomie steht in der Schule selten auf dem Lehrplan. Hier wollen wir dennoch kurz auf die grundlegenden Einheiten eingehen, mit denen Astrophysiker rechnen. 1 AE = 1 Astronomische Einheit wird festgelegt als mittlere Entfernung zwischen der Erde und unserer Sonne. Der Wert beträgt ungefähr 1 AE = 150 Mio. km. Was ist nun ein Lichtjahr? Berechne den Zusammenhang zwischen der astronomischen Einheit AE und dem Lichtjahr Lj.

Es knirschte in der Leitung. Dann ertönte aus der rechten oberen Ecke, wo sich der Lautsprecher im Klassenraum der 7d befand, eine gutmütige Stimme.
„Guten Morgen, liebe Schüler. Ich hoffe, ihr habt schöne Sommerferien verlebt.“ Tilman Meinicke, der Direktor des Max-Planck-Gymnasiums, sprach zu seinen Schülern. „Nun, dann freut ihr euch auch sicherlich, dass die Ferien mit einigen kleinen Ausnahmen ein wenig verlängert werden.“
Wieder knackte und rauschte der Lautsprecher, der mittlerweile in die Jahre gekommen war. Doch das überhörten die Schüler, denn längst war nicht nur in der 7d großer Jubel ausgebrochen. Gottfried Neibliz hingegen verschlug es die Sprache und sein Kopf lief vor Wut rot an.
„Nun, liebe Schüler, für weitere Informationen versammelt euch bitte innerhalb der nächsten zehn Minuten in der Aula“, forderte Tilman Meinicke sie auf. Dann ergänzte er der Form halber: „Das ist das Ende der Durchsage.“
Die Schüler der 7d ließen sich nicht zwei Mal bitten. Anton Haupt, der Klassenclown, hatte lachend sein leeres Blatt Papier in zwei Teile gerissen. Die Quittung kam prompt:
„Von Ihnen, Herr Haupt, erwarte ich nach den …“, Physiklehrer Neibliz räusperte sich, „… völlig ungerechtfertigten verlängerten

Ferien ein ausführliches Referat zum Thema ‚Ausbreitung des Lichts'."

Sofort herrschte Stillschweigen im Klassenraum. Ein wenig unsicher, ob sie denn nun wirklich den Klassenraum verlassen durften, schlichen sich Arne, Leonie und Björn vorsichtig hinaus. Doch Herr Neibliz schien nichts dagegen zu haben. Wie sollte er auch? Dem Willen des Direktors konnte sich schließlich auch er nicht widersetzen.

Vor den drei Freunden lief Anton Haupt die Treppe in Richtung Aula hinunter und murmelte einige leise, aber dennoch deutlich zu verstehende Flüche, die sich an die Physik im Allgemeinen und den Physiklehrer des Max-Planck-Gymnasiums im Besonderen richteten. Als die Schüler der 7d schließlich die große Aula mit den orangefarben gepolsterten Stühlen erreichten, waren die vordersten Plätze bereits belegt. Alle waren brennend daran interessiert, welche Neuigkeiten ihnen Direktor Meinicke mitzuteilen hatte.

„Wenn er schon eine Schulversammlung einberuft, muss es ja wichtig sein", stellte Leonie fest.

„Ist mir eigentlich egal", quiekte Björn vergnügt. „Hauptsache, kein Test und länger Ferien. Ich hätte mir ansonsten gleich eine Sechs eingehandelt", schmunzelte er, während sich die drei Freunde durch die Stuhlreihen quetschten und schließlich auf drei freien Sitzen Platz nahmen.

In der Aula wurde von allen Seiten lauthals spekuliert, was wohl der Grund der Versammlung sein könnte. Das Geheimnis wurde gelüftet, als sich der Vorhang auf der Aulabühne erhob und dazu ein klangvoller Gong ertönte.

ÜBUNG 12 !

Übung 12: Du musst Anton bei seinem Referat etwas helfen. Wie breitet sich Licht aus? Was sind Lichtstrahlen? In welchen Fällen wird der Verlauf der Lichtstrahlen geändert? Wie lautet das Reflexionsgesetz?

Als sich der rötlich schimmernde Vorhang geöffnet hatte und ein Spotlicht die leere Bühne erhellte, war in der Aula Totenstille eingekehrt. Die Schüler blickten auf die Bühne der Aula und waren gespannt, was sie dort wohl gleich erwarten würde.

Dann betrat Direktor Tilman Meinicke die Bühne. Vom grellen Scheinwerferlicht geblendet, blinzelte er. Rasender Beifall brannte auf, schließlich hatte der ohnehin beliebte Schuldirektor mit seiner frohen Botschaft der verlängerten Ferien für reichlich Euphorie unter den Schülern gesorgt. Herr Meinicke hob den linken Arm und deutete seinen Schülern damit an, innezuhalten. Als der Applaus schließlich verklungen war, begann er mit lauter Stimme seine Rede:

„Liebe Schüler, bevor ich mit dem eigentlichen Grund unserer heutigen Versammlung beginne, möchte ich euch drei Neuzugänge vorstellen.“ Und wie auf Kommando betrat zunächst eine große dürre Frau die Bühne, gefolgt von einem kleinen untersetzten Mann mit schwarzem fettigem Haar, das er zu einem strengen Scheitel gekämmt hatte. Als Letztes folgte ihnen zögerlich ein Junge im Alter von Leonie, Arne und Björn. Alle drei flankierten Direktor Meinicke und als sie ihren Platz gefunden hatten, setzte der Schuldirektor seine Rede fort.

„Nun, ihr Lieben, zu meiner Rechten steht die Kunsthistorikerin Valentina Tümmler.“ Die gertenschlanke Frau nickte kurz. „Sie ist die Museumsdirektorin unserer Partnerstadt Lusteraue“, ergänzte Meinicke knapp. „Zu meiner Linken darf ich euch den Musikwissenschaftler und Cellospieler Ewald Ubel vorstellen, den neuen Chef unseres Kulturbüros.“

Arne zuckte zusammen. Was hatte Direktor Meinicke da gesagt? Björn, der neben Arne saß, bekam einen Hustenanfall. Auch Leonie schaute irritiert. Doch Tilman Meinicke bekam gar nicht mit, was sich ein paar Reihen vor ihm abspielte.

„Nun, zusammen mit Frau Tümmler und auf Initiative von Herrn Ubel – sozusagen zu seinem Amtsantritt – haben wir Folgendes beschlossen: Das Max-Planck-Gymnasium soll in der nächsten Woche Ort einer großen Ausstellung über seinen Namensgeber, den großen deutschen Physiker, sein."

„Das war doch die Idee meines Vaters!", rief Arne laut und rutschte wütend auf seinem Sitz hin und her. Leonie bemerkte seine Erregung und stieß ihm mit dem Ellenbogen in die Rippen. Direktor Meinicke, der den erbosten Zwischenruf offensichtlich nicht gehört hatte, fuhr fort:

„Wir drei sind der Meinung, dass dies eine willkommene Gelegenheit ist, unsere Stadt und die Schule von ihrer besten Seite zu präsentieren. Deswegen soll sich auch jede Klasse mit verschiedenen physikalischen Projekten an dieser Ausstellung beteiligen."

ÜBUNG 13 !

Übung 13: Als die drei Freunde die Aula betraten, war diese verdunkelt. Auch in der Natur auf unserer Erde gibt es zeitweise das Phänomen der Verdunklung – und zwar bei unserem Trabanten, dem Mond, und unserem Lebensspender, der Sonne. Erkläre, wie es zu einer Mond- und einer Sonnenfinsternis kommt. Warum sehen wir häufiger eine Mondfinsternis und warum ist die Sonnenfinsternis nicht überall auf der Erde zu beobachten?

Arne Averbeck blickte zur Bühne herauf. Innerlich kochte er vor Wut. Das alles hatte ihm sein Vater bereits während der Sommerferien erzählt – die Pläne über die Max-Planck-Ausstellung, die Kooperation mit dem Museum von Lusteraue und die Projektarbeiten der Klassen. Gleichzeitig hatte er seinen Sohn um Stillschweigen gebeten, weswegen Arne seinen Freunden nichts davon berichtet hatte. So waren Björn und Leonie zunächst auch etwas darüber verwundert, dass Arne so wütend war. Schließlich wurden

ihnen ein paar weitere freie Tage gegönnt, und Arne liebte Physik doch über alles.
„Sprecht euch also in der Klasse ab, welche Projekte ihr übernehmen wollt. Ich erwarte eure Vorschläge am Ende der nächsten Schulstunde.“ Tilman Meinicke beendete seine Rede.
Die Aula erhellte sich wieder, der Spot erlosch und allgemeines Gerede unter den Schülern setzte ein. Gerade wollten die Protagonisten die Bühne verlassen, als Tilman Meinicke nochmals hektisch das Mikrofon ergriff.
„Liebe Schüler, einen Moment noch“, tönte es durch die Lautsprecher. „Ich möchte euch noch schnell einen neuen Mitschüler vorstellen.“ Der Direktor des Max-Planck-Gymnasiums deutete auf den Jungen auf der Bühne, der wie Herr Ubel pechschwarze Haare hatte und verlegen mit den Füßen wippte. „Das ist Fred, der Sohn von Herrn Ubel. Die beiden kommen aus München und Fred wird künftig die 7d besuchen. Bereitet ihm also einen freundlichen Empfang.“
„Von wegen!“ Arne sprang wutentbrannt von seinem Sitz auf. Verdutzte Gesichter blickten ihn an. Direktor Meinicke hielt einen Moment inne.
„Ich muss doch bitten, Arne“, sagte er freundlich und doch mit einem leicht verlegenen Unterton, als könnte er den Jungen durchaus verstehen. „Bei aller Enttäuschung“, ergänzte Meinicke fast flüchtig. Arne blickte seinen Direktor wortlos an. Dann schaute er zu dem neuen Mitschüler und die Blicke von Arne Averbeck und Fred Ubel trafen sich. Fred grinste hämisch, fast so, als wüsste der Junge, mit wem er es zu tun hatte.
Auf dem Weg zurück in den Klassenraum zogen Leonie und Björn ihren Freund beiseite.
„Was ist eigentlich in dich gefahren?“, wollte Leonie wissen.
„Später“, antwortete Arne kurzsilbig, als er Fred Ubel in der Nähe entdeckte.

„Könnt ihr mir verraten, wie ich zum Klassenzimmer der 7d finde?“ Fred kam auf die drei Freunde zu und grinste feindselig über das ganze Gesicht.

ÜBUNG 14 !

Übung 14: Die Aula erhellte sich wieder, wahrscheinlich wurden die Vorhänge aufgezogen und das Sonnenlicht beleuchtete den Raum. Neben der Sonne kennen wir aber noch andere Lichtquellen – natürliche und künstliche. Zähle Lichtquellen auf, die du kennst. Unterscheide dabei zwischen heißen und kalten Lichtquellen. Kannst du dir vorstellen, was eine Lichtquelle zweiter Ordnung ist?

Es war schon ein seltsames Bild, das sich dieser Tage am Max-Planck-Gymnasium bot. Die Physikschüler der 7d bildeten eifrig Lerngruppen und suchten begeistert nach Themen für ihre Projekte, die sie auf der Ausstellung präsentieren wollten. Gottfried Neibliz, der Physiklehrer, saß nur unbeteiligt an seinem Pult und beantwortete lustlos und mürrisch die Fragen seiner Schüler. Neibliz’ Laune war sichtlich angeschlagen, nachdem sein geplanter Test ins Wasser gefallen war. Selbst die Aussicht auf eine Ausstellung zu seinem Fachgebiet wollte die Stimmung des Lehrers nicht wieder heben.
Im Klassenraum hatten sich die Schüler in Gruppen formiert und Leonie, Arne und Björn bildeten eine von ihnen. Hitzig wurde zwischen den einzelnen Gruppen darüber diskutiert, wer welches Ausstellungsprojekt übernahm. Nachdem ihnen eine andere Gruppe das Thema Solarenergie vor der Nase weggeschnappt hatte, zog Leonie ihre Trumpfkarte aus dem Ärmel.
„Herr Neibliz?“, sie hob ihre Hand.
„Hmmm“, räusperte sich der Physiklehrer abwesend.
„Streng genommen zählt die Astronomie doch auch zur Physik, oder?“, wollte Leonie wissen.

„Ja, schon“, antwortete Herr Neibliz kurz. Und ohne auf die Reaktion ihrer beiden Freunde zu warten, war es für das forsche Mädchen beschlossene Sache:
„Gut, dann wird die Astronomie das Thema unserer Arbeit werden“, triumphierte Leonie. Herr Neibliz machte sich, ohne zu antworten, eine entsprechende Notiz für die Übersicht, die Direktor Meinicke von ihm verlangt hatte.
„Einen Moment“, schallte es durch die Klasse. Fred Ubel, der neue Schüler in der 7d, hatte sich lässig von seinem Stuhl erhoben und protestierte lautstark. „Unsere Gruppe hat ebenfalls Interesse an diesem Thema“, schimpfte er.
„Das kann ich mir vorstellen“, lästerte Arne, der sich von den Ereignissen in der Aula noch nicht erholt hatte. „Im Stehlen von Ideen scheint deine Familie ja Profi zu sein“, raunte er Fred entgegen.
„Leonies Gruppe hat das Thema vorgeschlagen, also übernimmt sie es auch“, kürzte Gottfried Neibliz die Diskussion ab. Jetzt war Arne an der Reihe, sein breitestes Grinsen aufzusetzen.

Übung 15: Leonies Gruppe hätte gern das Thema Solarenergie in ihrem Projekt behandelt. Mit dem Begriff „Solarenergie“ bringen wir heute oft Anlagen zur Energieerzeugung mit direkter Sonneneinstrahlung in Verbindung, wie z. B. Fotovoltaik, Sonnenkollektoren und Solaröfen. Haben denn auch Wasserkraftwerke oder Kohlekraftwerke etwas mit der Sonnenenergie zu tun?

Für den Nachmittag hatten sich die drei Freunde in der Bücherei verabredet. Also machte sich auch Arne nach dem Mittagessen auf den Weg dorthin.
„Unter verlängerten Ferien stelle ich mir aber etwas anderes vor, als mich in der Bücherei zu treffen und an einem Schulprojekt zu

arbeiten", dachte der Junge, während er durch die Straßen von Fuchstal radelte. Arne Averbeck hatte es nicht sonderlich eilig und genoss den Sonnenschein.
Gedankenverloren fuhr Arne durch den Ort. Doch ganz plötzlich musste er kräftig bremsen. Als er auf die sonst mäßig befahrene Hauptstraße von Fuchstal einbiegen wollte, tauchte von rechts eine Kolonne von großen Transportern auf. Arne blieb stehen und beobachtete aufmerksam das Geschehen. Ungefähr zehn Lastwagen rollten an ihm vorbei. Obwohl ihre Fracht nicht zu erkennen war, ahnte Arne, dass sie etwas mit der Ausstellung zu tun haben musste – schließlich wurde der Konvoi von Motorrädern der Polizei flankiert. Am Schluss der nicht enden wollenden Autoschlange fuhr ein Polizeiwagen mit Blaulicht.
„Sicherlich sind da einige wertvolle Gegenstände dabei", vermutete Arne. Er beobachtete die Kolonne, bis sie vorüber war. Als er wieder losradeln wollte, bemerkte er, wie ein Mann mittleren Alters, der schwarz gekleidet war und eine dunkle Sonnenbrille trug, von der anderen Straßenecke in seine Richtung schaute. Arne konnte aber nicht erkennen, worauf genau sich sein Blick richtete. Er meinte auch, ein kleines Mikrofon am Anzug des Mannes erkennen zu können. Arne war unheimlich zumute. Also trat er in die Pedale und beeilte sich, seinen Weg zur Bücherei so schnell wie möglich fortzusetzen.
Als er diese zehn Minuten später erreicht hatte, stand bereits das feuerrote Mountainbike von Björn vor dem Gebäude. Aus den oberen Etagen der Musikschule drangen schiefe Töne. Als Arne schließlich das Foyer der Bücherei betrat, kam ihm Leonies Vater entgegen.
„Hallo Arne", grüßte Herr Baumgarten den Jungen freundlich. „Die anderen zwei sitzen dort drüben." Der Mann deutete mit dem Finger auf einen Tisch, der am anderen Ende der Bücherei stand.

„Du entschuldigst mich? Ich muss noch dringend meine Autoreifen prüfen. Ich glaube, ich habe einen Platten." Julius Baumgarten verließ das Gebäude.

Übung 16: Wenn Herr Baumgarten wirklich einen Platten hat und der Reifen nicht beschädigt ist, hat er Glück und braucht den Reifen nur wieder mit Luft zu befüllen. Der Reifen hat ein Volumen von 20 l und soll einen Druck von 3 bar erhalten. Dazu benutzt Herr Baumgarten einen Kompressor, dessen Druckbehälter 24 l fasst und mit 8 bar gefüllt ist. Wie viele Liter Luft müssen in den Reifen gefüllt werden und welcher Druck herrscht danach im Druckbehälter, wenn zwischendurch nicht nachgefüllt wurde?

Als Arne sich dem Tisch näherte, an dem seine beiden Freunde saßen, musste er feststellen, dass Björn und Leonie bereits eifrig bei der Sache waren. Offensichtlich diktierte Leonie Björn Vorschläge, die für das Projekt infrage kamen. Dabei blätterte sie immer wieder in einem der zahlreichen Bücher, die sich auf ihrem Tisch stapelten.
„Na, dann braucht ihr ja wohl keine Hilfe mehr", zwinkerte Arne seinen beiden Freunden schelmisch zu.
„Von wegen, schön hiergeblieben!", grinste Leonie und schaute wieder in das Buch, das sie gerade aufgeschlagen hatte. „Notiere mal", sagte sie zu Björn, „Planeten in der Milchstraße."
Doch Björn war abgelenkt. Er kramte in seiner Jackentasche und zog ein Pausenbrot, reichlich belegt mit Fleischwurst, hervor.
„Hier ist das Verzehren von Speisen aber verboten", erinnerte ihn Leonie. Falls ihr Vater sehen sollte, wie Björn in der Bücherei aß, würde es gründlich Ärger geben – den vor allem sie würde ausbaden müssen.
„Ich verzehre ja nicht, ich genieße", hielt Björn ihr entgegen.

„Siehst du“, der Junge verschlang einen riesigen Bissen, „schon alles verschwunden.“ Mit dicken Backen grinste Björn sie an. Die drei lachten, bis sie vom Nachbartisch mit einem zischenden „Pssst“ zur Ruhe ermahnt wurden.
„Also“, holte Leonie aus, „wir haben uns gedacht, dass ein Modell der Planeten das Kernstück unseres Projekts sein soll“, ergänzte sie, während Arne auf einem freien Stuhl Platz nahm. „Dazu fertigen wir Steckbriefe zu den einzelnen Planeten an. Und wenn die Zeit dann noch reicht, könnten wir sicherlich auch noch etwas zum Mond und den Gezeiten herausfinden“, Leonie schloss ihren Vortrag und schaute Arne neugierig an.
„Sehr gute Idee“, entgegnete dieser. „Womit soll ich anfangen?“
„Das Beste hat Leonie wieder einmal ausgelassen“, jetzt ergriff Björn das Wort, der seinen Imbiss beendet hatte. „Wir dachten, es

wäre doch sinnvoll, heute Abend bei Leonie zu übernachten und einen Blick durch ihr Teleskop zu werfen.“ Begeistert klatschte Arne in die Hände und kassierte dafür erneut ein Zischen vom Nachbartisch. Leise flüsterte er:

„Geniale Idee.“

Den ganzen Nachmittag arbeiteten die drei Freunde daran, möglichst viele Informationen über die Planeten des Sonnensystems zu sammeln. Der Abend war bereits angebrochen, als Herr Baumgarten ihren Eifer unterbrach.

„Soll ich euch mit dem Wagen mitnehmen?“ Leonie hatte ihn offenbar schon in ihre Pläne eingeweiht. „Wir schließen nämlich gleich. Oder wollt ihr etwa hier übernachten?“

Übung 17: Auch wir wollen uns kurz mit dem astronomischen Projekt von Arne und seinen Freunden befassen. Wir haben noch Zeit und wollen über die Gezeiten nachdenken. Du kennst doch sicher den Wechsel zwischen Ebbe und Flut am Meer. Wodurch wird diese „Tide“ ausgelöst? Wie nennt man die Kräfte, die dabei wirken? Versuche herauszufinden, was eine Springflut und eine Nipptide unterscheidet.

! ÜBUNG 17

Als die drei Freunde im Schlepptau von Leonies Vater das alte Fachwerkhaus der Baumgartens betraten, wurden sie bereits von Sylvia Baumgarten erwartet.

„Kommt erst einmal in die Küche“, meinte die Frau, die große Ähnlichkeit mit ihrer Tochter hatte. Wie zur Bestätigung knurrte Björns Magen lautstark. „Ich hab’ doch geahnt, dass ihr hungrig seid“, lachte Frau Baumgarten, und alle stimmten fröhlich in ihr Gelächter ein.

Während des Abendessens erzählte Leonie ihren Eltern von ihrem Projekt und der Ausstellung im Max-Planck-Gymnasium. Natürlich ließ sie dabei die Geschehnisse in der Aula nicht aus. Sie berichtete über Fred, ihren neuen unsympathischen Mitschüler, und seinen Vater Ewald Ubel, der Arnes Vater die Stelle des Kulturbüroleiters weggeschnappt hatte.

„Das ist ja ungeheuerlich!“, Julius Baumgarten schüttelte verärgert den Kopf. Seine Frau pflichtete ihm bei. Als sie aber bemerkte, wie in Arne ein Vulkan brodelte, der jeden Moment auszubrechen drohte, versuchte sie schnell das Thema auf das Physik-Projekt der drei Freunde zu lenken:

„Euer Planeten-Projekt hört sich aber wirklich spannend an. Wie wollt ihr denn …“

Doch Leonie unterbrach sie.

„Oh, so spät ist es schon!“ Entsetzt blickte Leonie auf die Uhr. „Lasst uns nach oben gehen und das Teleskop einstellen.“ Ruckartig sprang Leonie vom Tisch auf. Arne und Björn folgten ihrer Freundin. Erst stiegen sie die alten knarrenden Holzstufen ins Obergeschoss hinauf, dann die enge Wendeltreppe, die direkt auf den Dachboden des Hauses führte. Hier hatte sich Leonie ihre kleine Sternwarte eingerichtet. Als endlich die Dunkelheit hereingebrochen war, beobachteten die drei Freunde abwechselnd den Nachthimmel. Als Björn an der Reihe war, riss er vor Nervosität fast das Teleskop vom Stativ.

„Pass doch auf, du Tollpatsch!“, fluchte Leonie und griff nach dem Gerät. „Jetzt muss ich wieder alles neu justieren.“

Leonie schaute durch den Sucher und schwenkte das Teleskop hin und her. Dabei drehte sie emsig an den kleinen Rädchen des Stativs. Plötzlich hielt sie inne.

„Was ist denn das?“, fragte sie. Arne bemerkte die Aufregung in ihrer Stimme.

„Zeig mal her!“, rief er und schubste seine Freundin unsanft zur Seite.

„Aber vorsichtig!“ Leonie rieb sich verwundert die Augen, während Arne durch das Teleskop starrte.
„Was sind denn das für Lichter?“, wollte er wissen.
„Keine Ahnung“, Leonie zuckte mit den Schultern.
„Wo die wohl herkommen?“, überlegte Arne. Doch dann stockte ihm der Atem und schnell fügte er hinzu: „Aus unserem Gymnasium, ganz klar!“

Übung 18: Lass uns kurz durch Leonies Teleskop schauen. Neben den Fixsternen können wir zu bestimmten Zeiten die Planeten beobachten, teilweise auch mit bloßem Auge. Was sind Planeten? Notiere die acht uns bekannten Planeten in der Reihenfolge ihres Abstands zur Sonne. Nach der Größe unterscheidet man zwischen Planeten, die der Erde oder dem Jupiter ähnlich sind. Welche sind erdähnlich? Gibt es noch kleinere Planeten als diese acht und wie nennt man sie?

ÜBUNG 18 !

Es war eine kurze Nacht für die drei Freunde gewesen, die nun friedlich in ihren Schlafsäcken auf dem alten Dachboden der Baumgartens schlummerten. Lange hatten sie abwechselnd vor dem Teleskop gestanden und neugierig Ausschau gehalten, um dem Ursprung der mysteriösen Lichter auf den Grund zu gehen. Doch leider hatte Walter Weinberg wieder einmal ganze Arbeit geleistet. Weinberg war der äußerst gewissenhafte Hausmeister am Max-Planck-Gymnasium, der großen Wert darauf legte, dass immer alle Vorhänge zugezogen waren.
„Verflucht!“, schimpfte Arne. „Diese blöden Vorhänge! Ich kann nur erkennen, dass da etwas vor sich geht, aber nicht, was!“
Doch daran war leider nichts zu ändern gewesen – da hätte selbst das beste Fernrohr nicht geholfen. Björns Vorschlag, doch eine Nachtwache zu halten, war daher abgeschmettert worden.

„Das bringt doch nichts. Wir können doch sowieso nichts sehen", hatte Leonie entgegnet. „Und der Haupteingang liegt genau auf der anderen Seite." Also hatten die drei beschlossen, sich schlafen zu legen.

Sie schlummerten noch tief und fest, da rüttelte sie eine ohrenbetäubende Sirene aus dem Schlaf.

„Was'n nun?", murmelte Björn. Leonie und Arne waren sofort hellwach. Sie erkannten den Alarm – die Sirene gehörte zum Gymnasium! Leonie, Arne und Björn schlüpften in ihre Sachen und rannten nach unten. Die Haustür stand offen und Julius Baumgarten stand im Eingang und schaute verwundert die Straße hinunter.

„Nichts zu sehen", er zuckte mit den Schultern, als er die Kinder bemerkte, die die Treppen heruntergepoltert waren.

„Wartet hier!", rief Leonie ihren Freunden zu. Das Mädchen rannte in die Küche, schnappte sich drei Brötchen und war gleich wieder verschwunden.

„He", schallte Sylvia Baumgartens Stimme aus der Küche. „Was ist mit Frühstück?"

„Keine Zeit", entgegneten die drei im Chor.

„Paps, bringst du uns schnell zur Bücherei? Unsere Räder stehen doch noch dort." Und kurze Zeit später verließ der gelbe Oldtimer der Baumgartens quietschend die Einfahrt.

ÜBUNG 19 !

Übung 19: Die drei haben es wieder einmal sehr eilig. Der Oldtimer von Herrn Baumgarten hat ein Messinstrument an Bord, an dem er die Geschwindigkeit ablesen kann. Wie heißt dieses Instrument? Wenn Familie Baumgarten in den Urlaub nach Bayern fährt und für diese 585 km lange Fahrt $7^1/_2$ Stunden benötigt, kann man daraus eine Geschwindigkeit berechnen. Worin unterscheidet diese sich von der, die man im Auto ablesen kann? Berechne die Geschwindigkeit und gib das Ergebnis in m/s und in km/h an.

Björn hatte Mühe, Leonie und Arne auf seinem Fahrrad zu folgen. Da half auch das neue Mountainbike wenig.
„Die beiden haben einfach die bessere Kondition", dachte er still. Zu allem Überfluss knurrte auch noch sein Magen.
„Wohin fahren wir eigentlich?", rief Björn seinen Freunden hinterher.
„Na, rate mal. Zur Schule natürlich. Ich wette mit euch, dass die seltsamen Lichter und die Sirene unmittelbar zusammenhängen", antwortete Leonie – und sie sollte recht behalten.
Als die drei Schüler schließlich das Gymnasium erreicht hatten, glich es beinah einem Hochsicherheitstrakt – Polizisten und Absperrungen waren überall zu sehen.
„Was ist denn hier los?" Björn staunte nicht schlecht. Und auch Arne war sichtlich beeindruckt.
„Lasst uns die Fahrräder lieber gleich hier abstellen. Dann können wir uns besser durch die Menge drängeln", schlug Leonie ihren Freunden vor.
Eine riesige Gruppe Schaulustiger hatte sich bereits um das rotweiße Band gedrängt, mit dem die Polizei das Gelände weitläufig abgeriegelt hatte. Vorsichtig suchten sich die drei Freunde einen Weg durch die Menge. Schließlich erspähten sie Hausmeister Weinberg, der völlig niedergeschlagen einem Polizisten Rede und Antwort stand.
„Hören Sie, ich habe Ihnen jetzt schon alles drei Mal erklärt", versicherte der Hausmeister dem Polizisten. „Als ich heute Morgen die Vorhänge in der Aula aufziehen wollte, bemerkte ich Splitter. Dann sah ich, dass eine Scheibe eingeschlagen war. Anschließend habe ich sofort nach den Exponaten gesehen – aber sie waren alle verschwunden."
Arne lauschte noch immer neugierig dem Verhör, als Leonie ihn am Ärmel seiner Jacke zupfte.

„Schau mal. Kennen wir den nicht?“ Neben ihnen hatte sich ein junger Mann mit blonden Haaren durch die Menge gedrängt. Als er über das Flatterband steigen wollte, wurde er unsanft von einem Polizisten aufgehalten.

„Was erlauben Sie sich?“, erboste sich der blonde Mann. Seine Haare leuchteten in der Morgensonne. „Sie wissen wohl nicht, wer ich bin?“ Der Polizist hielt einen Moment inne. Noch bevor er die Frage verneinen konnte, hatte der Mann in seinem Rucksack gekramt und einen Ausweis hervorgeholt. „Kai Wiesel, Fuchstaler Anzeiger“, triumphierte er und hielt dem verdutzten Polizisten seinen Presseausweis unter die Nase. „Und jetzt lassen Sie mich bitte vorbei. Ich muss den Direktor sprechen.“

Schuldirektor Meinicke stand mit der sichtlich aufgebrachten Museumsdirektorin Valentina Tümmler nicht unweit vom Geschehen.

„Kommt“, flüsterte Arne, „das hören wir uns an.“

! ÜBUNG 20

Übung 20: Bevor wir hören, was der Direktor dem Reporter erzählt, wollen wir mit Björn eine kleine Radtour unternehmen. Zusammen mit seinem Mountainbike hat er eine Masse von 60 kg und fährt einen 200 m hohen Berg hinauf. Die Straße, die er dabei benutzt, ist 1100 m lang. Welche Höhenenergie hat Björn bei seiner Fahrt auf den Berg gewonnen? Welches Ergebnis erhält man, wenn Björn einen 150 m kürzeren Weg nach oben benutzt?

Zum Glück schenkten die anderen Schaulustigen dem Reporter keine Beachtung. So waren die drei Freunde die einzigen, die auf die Idee kamen, Kai Wiesels Interview zu lauschen – und so würden sie vor allen anderen Fuchstalern bestens informiert sein, noch ehe der Artikel am nächsten Tag in der Tageszeitung der Stadt veröffentlicht würde. Leonie, Arne und Björn näherten sich Valentina Tümmler und Tilman Meinicke, während Kai Wiesel die beiden

fotografierte. Die drei Freunde drängelten sich durch die Menge und kamen gerade rechtzeitig, als Reporter Wiesel mit seinem Interview begann. Seinen Fotoapparat hatte er bereits zur Seite gelegt und hielt nun einen Notizblock in seiner linken und einen Bleistift in seiner rechten Hand.
„Ein großer Skandal!“, beschwerte sich Valentina Tümmler, die es trotz aller negativen Begleiterscheinungen sichtlich zu genießen schien, im Fokus der Presse zu stehen.
„Was ist denn genau verschwunden?“, wollte Wiesel wissen. „Notieren Sie?“ Mit hochnäsigem Blick vergewisserte sich Valentina Tümmler, dass der Reporter seiner Arbeit auch gewissenhaft nachging. „Also, von den bisherigen Projektarbeiten der Schüler fehlt nichts. Leider muss ich sagen.“ Björn und Arne warfen sich wütende Blicke zu. Leonie ergänzte flüsternd:
„Eingebildete Pute!“ Doch Valentina Tümmler hatte sie nicht gehört und fuhr fort:
„Die Lage ist weitaus dramatischer. Es fehlt ein äußerst kostbarer Füllfederhalter aus dem Privatbesitz von Max Planck, aber auch unbezahlbare Privatnotizen unseres großen Physikers.“ Valentina Tümmlers Stimme geriet in Ekstase. Direktor Meinicke – immer noch bestürzt über den Einbruch – stand fassungslos neben ihr und nickte. „Aber, die wahre Katastrophe ist“, die Stimme der Frau überschlug sich nun fast, „dass auch die Max-Planck-Medaille von 1928 gestohlen wurde. Es ist die erste ihrer Art und sie wurde Max Planck zusammen mit Albert Einstein verliehen.“ Tränen schossen ihr beim Gedanken dieses Verlusts in die Augen. Auf einmal zitterte ihr ganzer Körper, und während Kai Wiesel noch fleißig Notizen machte, brach es aus ihr heraus: „Und das ist alles Ihre Schuld!“, fuhr sie Tilman Meinicke an. Der Direktor erschauderte. „Aber Verehrteste, wir haben alle erdenkbaren Sicherheitsvorkehrungen getroffen!“

„Scheinbar nicht genügend“, wetterte Valentina Tümmler. „Oder warum haben die Sicherheitssysteme nicht Alarm geschlagen?“

ÜBUNG 21 !

Übung 21: Der Reporter hat bestimmt einen modernen Fotoapparat benutzt. Das Urmodell eines Fotoapparats ist die „Camera obscura“. Wie nennt man diesen „dunklen Raum mit einem winzigen Loch“ auch? Schreibe die Unterschiede zwischen der Camera obscura und einem gebräuchlichen Fotoapparat auf. Haben sie auch Gemeinsamkeiten?

Leonie, Arne und Björn hatten genug gehört. Die Gruppe an Schaulustigen, die sich auf dem Schulhof des Gymnasiums versammelte, wurde immer größer. Daher waren sich die drei Freunde einig, dass sie hier und heute wenige neue Erkenntnisse erlangen würden.

„Wir könnten zum Kulturbüro fahren“, meinte Arne. „Vielleicht weiß mein Vater ja mehr.“ Leonie nickte stumm. Björn reckte seinen Daumen nach oben, um zu zeigen, dass er mit dem Plan einverstanden war. Also kämpften sich die drei durch die Menschenmenge zurück zu ihren Fahrrädern. Die Neugierde hatte die drei Hobbydetektive gepackt. Ihr Physikprojekt konnte noch ein, zwei Stunden warten.

„Hat diese Frau Tümmler nicht auch etwas von einer Belohnung gesagt?“, fragte Arne in die Runde.

„Eine widerwärtige Person“, entgegnete Leonie knapp.

„Ja, hat sie“, antwortete Björn. In Gedanken fuhr er schon mit einem riesigen Einkaufswagen durch „Janis Zuckerstube“, einem Süßwarengeschäft in Fuchstal, und packte die leckersten Naschereien ein.

„Pass auf!“ Arne riss seinen Freund aus seinen Tagträumereien. Doch zu spät. Björn hatte den knallroten Wagen nicht um die Ecke biegen sehen und war in hohem Bogen über dessen Motorhaube gesegelt. Verschreckt schmissen Leonie und Arne ihre Räder beiseite und kümmerten sich um ihren Freund, der am Boden lag und jammerte.

„Alles in Ordnung?", wollte Leonie wissen.

„Es geht schon", stotterte Björn, dem der Schreck noch in den Gliedern saß. „Hauptsache, mein neues Rad hat nichts abbekommen."

Arne begutachtete das rote Mountainbike, das wie durch ein Wunder keinen Kratzer hatte. Dann wanderte sein Blick auf den Kotflügel des Autos, in dessen Lack sich eine riesige Schramme abzeichnete.

„Das werdet ihr bezahlen!" Eine Stimme schreckte die drei Freunde auf. Hinter ihnen stand Kai Wiesel und starrte sie mit wütenden Augen an. „Name? Adresse? Nun sag schon, Dickerchen, ich habe noch einen dringenden Termin!" Zornig sprang Björn vom Boden auf. Schmerzen spürte er keine mehr. Arne beruhigte ihn, indem er ihm eine Hand auf die Schulter legte.

„Sein Name ist Björn Veiste", Leonie ergriff das Wort und teilte Kai Wiesel Björns Adresse mit. „Sonst noch Fragen, Herr Wiesel?", schloss sie schließlich ihren Bericht ab. „Schicken sie die Rechnung am besten dorthin, das übernimmt dann die Versicherung. Und jetzt entschuldigen sie uns. Wir haben noch einen dringenden Termin." Leonie zerrte die beiden Jungen zu den Rädern und ließ den Reporter mit offenem Mund stehen.

Übung 22: Björn hatte noch einmal Glück im Unglück und verletzte sich kaum. Als er gegen das rote Auto prallte, blieb sein Rad zwangsweise abrupt stehen, aber Björn flog über die Motorhaube. Warum bewegte sich Björn im Gegensatz zu seinem Fahrrad weiter? Erkläre die physikalischen Gesetzmäßigkeiten dieses Unfalls mit den Begriffen der Mechanik wie Geschwindigkeit, Beschleunigung, Trägheit, Gravitation und Reibungskräfte.

Als sie wieder auf ihren Rädern saßen und Richtung Kulturbüro fuhren, drehte sich Arne noch einmal flüchtig um. Noch immer stand Kai Wiesel da und schaute verblüfft zwischen der Schramme auf seinem Kotflügel und den Kindern hin und her.
„Danke“, flüsterte Björn kleinlaut, sodass man es kaum verstehen konnte.
„Ach, dafür doch nicht“, Leonie lächelte ihm verschmitzt zu. „Wie geht es denn deinem Knie?“ Das Mädchen hatte den Riss in Björns Jeans entdeckt.
„Schon o. k.“, antwortete Björn knapp. Ohne ein weiteres Wort zu wechseln, radelten die drei Freunde zum Kulturbüro und stellten dort ihre Räder ab. Als sie durch die mächtige Drehtür ins Foyer gingen, kreischte ihnen eine schrille Stimme entgegen:
„Wohin des Weges?“
„Guten Tag, Arabelle!“ Dieses Mal ergriff Arne die Initiative. „Wir müssen nur schnell etwas für meinen Vater zur Post bringen“, log der Junge. Die Empfangsdame schenkte den drei Freunden daraufhin keine Beachtung mehr und feilte weiter akribisch an ihren Fingernägeln.
Arne führte Leonie und Björn sicher durch die Gänge des Kulturamts.
„Sein Büro ist ganz am Ende des Gangs“, meinte Arne. Plötzlich öffnete sich direkt neben ihnen eine Tür. Die drei erschraken und sprangen zur Seite. Ein dicker Mann mit pechschwarzem fettigem Haar trat auf den Flur. Er hielt einen Bogen Papier in der Hand, den er aufmerksam studierte, ohne auch nur ein Mal den Kopf zu heben. Erst als Björn aus Versehen mit seinem Rucksack gegen die Wand stieß, sah der Mann verdutzt hoch. Es war kein Geringerer als Ewald Ubel, der neue Leiter des Kulturbüros.
„Guten Tag“, sagte Arne trotz aller Wut, die er auf den Mann hatte, freundlich, um Ewald Ubel ja keinen Verdacht schöpfen zu lassen.

„Darf ich fragen, was ihr hier zu suchen habt?“
„Nun, eigentlich muss ich nur kurz zu meinem Vater, Herrn Averbeck, etwas abholen“, log Arne aufs Neue. Doch dieses Mal funktionierte sein Plan nicht.
„Der ist zurzeit nicht im Haus. Auswärtstermin. Wenn ich also bitten darf!“ Ewald Ubel schob die drei Freunde unsanft zurück in den Gang. Arne wusste, dass Protestieren keinen Sinn hatte, und so stapften die Kinder mürrisch durch das Foyer auf die Straße zurück. Arabelle blickte nur kurz auf, ehe sie sich wieder ihren Nägeln widmete.

Übung 23: Björn erfuhr am eigenen Leib, wie Kräfte wirken können. Kräfte sind allgegenwärtig, sie sind aber nicht sichtbar. Wir können nur von einer Kraft sprechen, wenn sie an einen Körper angreift und die Kraftwirkung sichtbar, spürbar oder messbar wird. Nenne mindestens vier Beispiele, bei denen eine Kraftwirkung auf einen Körper zu beobachten ist.

ÜBUNG 23 !

„Mist!“, fluchte Arne lautstark, als die drei ihre Fahrräder aufschlossen. „Ich schwöre euch, mein Vater hat gar keinen Auswärtstermin. Und soll ich euch noch etwas sagen: Es würde mich nicht wundern, wenn Ewald Ubel etwas mit dem Einbruch zu tun hätte.“
„Jetzt mach aber mal einen Punkt“, hakte Leonie ein. Das ging ihr dann doch entschieden zu weit. Auch sie mochte den neuen Leiter des Kulturbüros nicht besonders, aber deswegen musste er nicht gleich ein Verbrecher sein.
„Wieso?“, fragte Arne beleidigt. „Wer anderen Leuten den Job und außerdem ihre Ideen klaut, der vergreift sich vielleicht auch an wertvollen Ausstellungsstücken“, stellte Arne fest. „Was meinst du, Björn?“ Arne hoffte auf Unterstützung.

„Ich denke, wir sollten die Zeit nutzen und an unserem Projekt weiterarbeiten.“ Björn machte eine kurze Pause. „Mit dem Einbruch kommen wir heute eh nicht mehr weiter. Vielleicht erfahren wir morgen mehr aus der Zeitung.“

„Eine sehr gute Idee“, meinte auch Leonie.

„Aber nur unter der Bedingung“, fügte Björn schnell hinzu, „dass wir vorher noch eine kleine Stärkung zu uns nehmen.“ Nun musste auch Arne wieder lachen. Also fuhren sie zuerst zur Imbissbude, wo Björn eine doppelte Portion Pommes und zwei Hamburger verdrückte. Anschließend machten sie sich auf den Weg zum Haus der Baumgartens.

Dort recherchierte Leonie im Internet nach Informationen zu den Planeten. Björn, der ein wirklich guter Zeichner war, skizzierte das Planeten-Modell, das sie basteln wollten. Und Arne studierte ein Buch, um etwas über den Mond und seine Auswirkungen auf Ebbe und Flut herauszufinden. Als der Abend anbrach, kam Leonies Mutter die enge Wendeltreppe hoch und überreichte den Kindern einen Teller mit belegten Schnittchen.

„Damit ihr mir nicht vom Fleisch fallt.“ Frau Baumgarten lächelte ihnen entgegen.

„Eine fabelhafte Idee, Frau Baumgarten, vielen Dank!“ Björn war hastig vom Boden aufgesprungen. Zielstrebig fingerte er zwei Schnittchen mit Fleischwurst heraus und biss hinein. „Köstlich, wirklich köstlich!“, lobte er. Auf dem Dachboden brach schallendes Gelächter aus.

„Was meint ihr?“, wollte Leonie wissen. „Feierabend für heute?“

Den Rest des Abends verbrachten die drei Freunde damit, die wildesten Theorien zu entwickeln, wer in die Schule eingebrochen sein und die wertvollen Gegenstände von Max Planck gestohlen haben könnte. Was die drei aber nicht ahnten, war, dass sie schon bald in große Gefahr geraten sollten.

Übung 24: Am späten Abend geht bei den drei Freunden das Licht aus. Wir wollen es noch einmal kurz einschalten. Um in den Genuss einer elektrischen Beleuchtung zu kommen, ist ein geschlossener Stromkreis notwendig. Zähle alle Bestandteile eines Stromkreises auf, die man auf alle Fälle benötigt, damit unsere drei Freunde nach Einbruch der Dunkelheit noch lesen können.

Am nächsten Morgen waren Leonie und Arne besonders früh wach. Björn schlummerte noch fest. Da Leonie und Arne aber unbedingt wissen wollten, was der Fuchstaler Anzeiger über den Einbruch berichtete, schlichen die beiden schon einmal die Treppe hinunter in die Küche. Dort saß Julius Baumgarten bereits am Tisch und genoss seinen Kaffee.

„Oh, guten Morgen. Was treibt euch denn schon so früh aus dem Bett?“, wollte Leonies Vater wissen.
„Och, nichts besonderes“, antworteten die beiden im Chor.
„Darf ich?“ Ohne die Reaktion von Julius Baumgarten abzuwarten, griff Arne nach der Zeitung.
„Einbruch ins Max-Planck-Gymansium“ stand da in großen Lettern. „Von dem dreisten Einbruch berichtet unser Reporter Kai Wiesel.“ Als hätte Herr Baumgarten die Blicke von Arne verfolgt, ergänzte er:
„Dieser Schmierfink! Alles nur reißerische Stories. Und die Krönung ist das Porträt über Ewald Ubel.“ Tatsächlich – das hätte Arne fast übersehen.
„Neuer Leiter des Kulturbüros – Ubel hat die besten Ideen“, stand da in der Überschrift.
„Frechheit“, murmelte Arne, ließ sich aber nicht weiter aus der Reserve locken. Seine Augen wanderten weiter über das Blatt, als er plötzlich über eine merkwürdige Anzeige stolperte:
„Wenn das Cello erklingt, werden Knaben sprießen. Dort, wo die Hecken saftige Früchte tragen, erwartet dich deine Melodie. Du wirst sie trotz kaltem Fels hören an einem lauen Freitagabend. Dein Moritz.“
„Seltsamer Liebesbrief“, wunderte sich Arne. „Na, Hauptsache, die beiden Turteltauben wissen, was gemeint ist.“ Ein lautes Poltern riss den Jungen aus seinen Gedanken. Björn kam in die Küche gestolpert.
„Frühstück schon fertig?“, gähnte er. „Warum habt ihr mich denn nicht geweckt?“
„Och“, grinste Leonie, „du hast noch so niedlich vor dich hingeschlummert.“ Arne lachte laut. Dann unterbrach Julius Baumgarten die vergnügliche Runde.
„Ich fahre jetzt in die Bücherei. Soll ich euch mitnehmen?“

„Wir müssen erst einmal ordentlich frühstücken, aber wir sehen uns sicherlich später, Paps", erklärte Leonie. „Schließlich müssen wir noch einiges für unser Projekt recherchieren."

Übung 25: Auch wir wollen die Frühstückszeit nutzen und uns kurz mit der Zeit beschäftigen. Die Grundeinheit der Zeit ist die Sekunde. Woraus leitete man ursprünglich diese Einheit ab (rechne entsprechend um)? Wenn wir die Zeit messen wollen, müssen wir uns klar darüber werden, was wir messen wollen: einen bestimmten Zeitpunkt oder eine Zeitspanne. Nenne für beide Verfahren ein Messgerät.

Beim Frühstück widmeten sich Leonie und Björn dem Bericht über den Einbruch im Max-Planck-Gymnasium.
„Hier steht, dass von den Dieben noch jegliche Spur fehlt", meinte Leonie.
„Ja", nickte Björn, „und dass 3.000 Euro als Belohnung ausgesetzt sind. Wäre das nicht fabelhaft – ein Tausender für jeden von uns?"
„Solange Arne nicht wieder Ewald Ubel verdächtigt …" Leonie zwinkerte ihrem Freund zu. Doch der sagte kein Wort. Arne grübelte noch immer über den Sinn der zuvor gelesenen Anzeige nach.
„Und? Ist euch sonst noch etwas aufgefallen?", wollte er schließlich von Leonie und Björn wissen.
„Na ja, dein Vater kommt bei dem Bericht über Ubel nicht besonders gut weg", meinte Björn. Doch Arne winkte nur ab.
„Nein, das meine ich gar nicht. Was sagt ihr zu der Anzeige? Findet ihr die nicht seltsam?" Erst dann warfen auch Björn und Leonie einen Blick auf die Annonce.
„Na, das ist aber eine komische Liebeserklärung", lachte Björn.
„Ganz schön schnulzig, was?" Leonie schmunzelte.

„Das kann man wohl sagen“, kicherten beide. Doch ansonsten fanden sie die Anzeige nicht sonderlich merkwürdig. Daher beließ Arne es dabei und wechselte das Thema:

„Auf zur Bücherei!“

„Genau!“, rief Leonie und sprang wie auf Kommando auf. Als sie gerade aufbrechen wollten, fiel Leonie ein, dass sie am Nachmittag noch Leichtathletiktraining hatte.

„Stoppt mal, ich habe meine Sportsachen vergessen.“

„Du und dein Sport“, stöhnte Björn, doch Leonie war bereits nach oben geeilt und hörte ihn nicht mehr. Als sie auf dem Dachboden nach ihren Sportschuhen suchte, fielen ihr die Magnete ins Auge, die Arne und sie Björn zum Geburtstag geschenkt hatten.

„So geht er also mit Geschenken um“, murmelte das Mädchen und packte die Magnete in ihre Tasche. Dann fand sie auch endlich ihre Schuhe mit den Spikes, die sie schnell in ihre Sporttasche steckte. Leonie jagte wieder die Wendeltreppe nach unten, wo die beiden Jungen sie schon erwarteten.

„Können wir dann los?“, wollte Arne wissen.

„Ja, ich hab’ alles“, erwiderte Leonie.

Der Donnerstagmorgen war angebrochen und es schien ein ganz besonders heißer Tag zu werden. Die Sonne stand schon hoch am Himmel, als die drei Freunde Richtung Bücherei radelten. Den Raub, den Fuchstaler Anzeiger und die seltsame Anzeige hatten sie schon längst wieder vergessen.

ÜBUNG 26 !

Übung 26: Ein heißer Tag bedeutet, dass die Temperatur der Luft zur Mittagszeit besonders hoch sein wird. Womit wird die Temperatur gemessen? Die bei uns gebräuchliche Temperaturskala wird nach einem schwedischen Physiker des 18. Jahrhunderts benannt. Kennst du seinen Namen? Wo liegen auf dieser Skala die beiden Fixpunkte und wie sind sie festgelegt?

So radelten unsere drei Freunde voller Tatendrang zur Bücherei. Der Fuchstaler Anzeiger hatte keine Meldungen verkündet, die sie nicht ohnehin schon kannten. Trotz ihres Ehrgeizes, den Fall zu lösen, wussten die drei ganz genau, dass dabei ihr Physik-Projekt in letzter Zeit ein wenig zu kurz gekommen war.

„Jetzt wird es aber Zeit", ermahnte Leonie die beiden Jungen auf ihrer Fahrt. „Wir sind mit unserem Projekt noch nicht sehr weit gekommen."

„Glaubst du etwa, unserer Freund Fred Ubel ist schon fertig?", wollte Björn grinsend wissen. Als er jedoch bemerkte, dass es keine gute Idee war, diesen Namen gleich am frühen Morgen zu erwähnen, hielt er sogleich inne. Arnes Miene hatte sich von einer Sekunde auf die andere versteinert. Um sich aber nichts anmerken zu lassen, ergriff er das Wort.

„Bestimmt nicht. Er sieht nicht gerade wie der typische Streber aus", spottete Arne.

„Nun", ergänzte Leonie naseweis, „mit Strebern kann man uns zurzeit auch nicht gerade verwechseln."

An diesem frühen Morgen herrschte alles andere als reger Verkehr auf den Straßen von Fuchstal. Es hatte den Anschein, als würden die Fuchstaler heute möglichst lange schlafen, um zu verdrängen, dass ihre Stadt Opfer eines dreisten Raubes geworden war. Doch vor den Schlagzeilen von Kai Wiesel konnten sie sich nicht verstecken.

Als die drei Freunde die Bücherei betraten, saß Herr Baumgarten bereits an seinem Arbeitsplatz und hatte einen Stapel Bücher vor sich stehen. Er schrieb mit einem alten Füllfederhalter Notizen auf die Klebezettel, die an den Buchrücken hafteten.

„Guten Morgen, Kinder. Ich dachte schon, ihr hättet bei diesem wunderschönen Wetter doch das Freibad vorgezogen." Herr Baumgarten war offensichtlich bester Laune. Leonie und Björn lächelten nur kurz zurück und gingen dann schnurstracks weiter – doch Arne zögerte.

„Jetzt komm schon. Wir nehmen unseren Stammplatz da hinten.“ Björn zog Arne am Ärmel und riss ihn so aus seinen Gedanken. Immer noch zögerlich folgte Arne Björn und setzte sich geistesabwesend an den Tisch.

„Man könnte meinen, du hättest ein Gespenst gesehen“, wunderte sich Björn.

„So ähnlich, Björn, so ähnlich.“

! ÜBUNG 27

Übung 27: Nachdem wir in der vorherigen Übung gesehen haben, womit man Temperaturen misst, sollst du nun erklären, wie ein Thermometer funktioniert. Wieso benutzt man ein Glasröhrchen mit einer Flüssigkeit? Warum ist dieses Röhrchen besonders dünn? Kennst du noch andere Temperaturskalen außer der Celsiusskala?

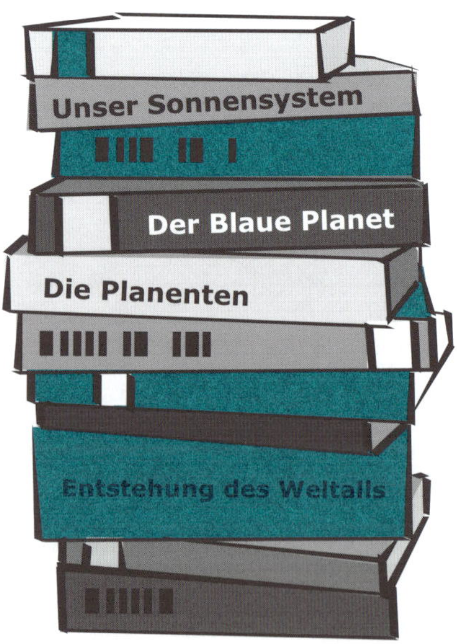

Björn wusste nicht, was er davon halten sollte. Er schaute seinen Freund fragend von der Seite an. Doch Arne reagierte nicht. Also versuchte Björn erst einmal seinen altbewährten Trick und zauberte das erste Pausenbrot aus dem Jackenärmel.

„Auch eine Hälfte?“, fragte er Arne. Doch dieser schüttelte nur stumm den Kopf. In diesem Moment kam Leonie um die Ecke. Beinah hätten die beiden Jungen sie nicht erkannt. Sie war mit einem so hohen Stapel Bücher bepackt, dass ihr Gesicht nicht mehr zu erkennen war. Erleichtert ließ sie die Bücher auf den Tisch fallen und stieß einen leisen Seufzer aus.

„Mehr gab es nicht. Wir sind wohl nicht die Einzigen, die sich gerade über die Planeten und das Sonnensystem informieren.“ Sie zuckte entschuldigend mit den Schultern. Björn starrte sie fassungslos an.

„Meinst du nicht, dass das mehr als genug ist? Was meinst du, Arne? He!“ Arne hatte sich ohne einen Kommentar von seinem Stuhl erhoben.

„Wo willst du denn hin?“, wollte jetzt auch Leonie wissen.

„Ich wollte nur mal schnell deinen Vater fragen, ob vielleicht heute Morgen ein paar Bücher zurückgegeben wurden.“ Leonie nickte und freute sich, dass sich Arne ebenso für das Projekt engagierte wie Björn und sie. Björn allerdings war immer noch irritiert und merkte, dass irgendetwas mit seinem Freund nicht stimmte. Er benahm sich sonderbar.

Derweil marschierte Arne Averbeck zielstrebig in Richtung Ausgang. Er hatte einen schrecklichen Verdacht und hoffte, sich getäuscht zu haben.

„Das kann ja gar nicht sein“, murmelte er leise und schüttelte den Kopf.

„Äh“, begann er stotternd. „Guten Morgen, Herr Baumgarten.“ Leonies Vater war immer noch beschäftigt und schaute verdutzt auf.

„Na, Arne, was gibt es denn?“, lächelte der Bibliothekar freundlich.
„Hätten Sie vielleicht einen Stift für mich? Ich habe meinen vergessen“, log der Junge und schaute fordernd auf den Füllfederhalter, der vor ihm auf dem Tisch lag. Herr Baumgarten schaute sich noch einmal suchend um. Dann folgte der Satz, den Arne insgeheim erhofft hatte.
„Nimm erst einmal diesen hier. Ich schaue mal, ob ich nicht noch einen Bleistift für dich finde.“ Der Bibliothekar drehte sich mit seinem Bürostuhl zu einem Schränkchen, das hinter ihm stand. Als sich Herr Baumgarten mit den Worten: „Hier habe ich noch einen für dich“, wieder zu Arne umdrehte, war dieser bereits verschwunden. Verdutzt schaute sich Julius Baumgarten um.

ÜBUNG 28 !

Übung 28: Die Bücher, die Leonie in der Bibliothek zum Tisch ihrer Freunde schleppte, waren bestimmt sehr schwer. Würden diese Bücher auf dem Mond (theoretisch) die gleiche Gewichtskraft erfahren oder haben sie dort die gleiche Masse? Erkläre den Unterschied. Warum haben Körper eine Masse und erfahren eine Gewichtskraft?

Arne war schnellen Schrittes zu dem Tisch geeilt, an dem seine beiden Freunde ihre Köpfe tief in die Bücher gesteckt hatten. Sie schauten nur kurz hoch, wenn sie sich Notizen machten. Wie üblich kaute Björn an einem seiner Pausenbrote.
„Na, du scheinst ja wieder einen gesegneten Appetit zu haben“, unterbrach Arne die disziplinierte Arbeit der beiden.
„Und, alle Fragen beantwortet?“, fragte Leonie beilaufig, ohne von ihren Notizen aufzusehen. Arne überlegte kurz und nuschelte dann: „Dein Vater hat mir alle Auskünfte gegeben.“ Beinah hatte er „erste Indizien“ gesagt. Doch Arne wollte die ganze Sache lang-

sam angehen lassen. Nicht ganz so gleichgültig wie Leonie hatte Björn das Szenario verfolgt. Er ahnte, dass sein Freund etwas im Schilde führte, konnte sich aber bisher keinen Reim darauf machen.
„Was wurde eigentlich alles bei dem Raub entwendet?“, begann Arne jetzt zögerlich das Gespräch. Er warf verstohlen einen Blick auf den Füllfederhalter von Herrn Baumgarten.
„Mensch, Arne“, Leonie hob genervt den Kopf. „Kannst du denn an nichts anderes mehr als an den Einbruch denken? Sicherlich ist das schlimm für die Schule, für die Ausstellung und natürlich auch für Frau Tümmler – aber du hast doch gehört, was Herr Meinicke gesagt hat: Die Projekte der Schüler sollen nicht darunter leiden. Also lass uns endlich weiterarbeiten und Informationen über die Planeten heraussuchen.“
„Und was würdest du sagen, Leonie, wenn ich tatsächlich ein erstes Indiz entdeckt hätte? Nein, kein Indiz, ein Beweisstück!“, stichelte Arne.
„Und was soll das bitte schön sein?“ Leonies Augen funkelten. Björn hatte vor lauter Spannung das Kauen vergessen und verfolgte gebannt den drohenden Streit.
„Zum Beispiel den Füllfederhalter von Max Planck. Der wurde doch gestohlen, oder etwa nicht?“
„Schon“, gab Leonie zu. „Und wo willst du das gute Stück gefunden haben?“
„Nun“, triumphierend hielt Arne den Füllfederhalter in die Luft. „Erkennst du ihn wieder? Den habe ich dank einer kleinen List gerade von deinem Vater bekommen.“
Leonie verschlug es für einen Moment die Sprache. Björn hustete, weil er sich verschluckt hatte.
„Das ist doch völlig absurd!“, schimpfte sie nach einer Weile des Schweigens.

Übung 29: Obwohl am Tisch der drei Freunde erhebliche Aufregung herrscht, bleiben wir mit unseren Aufgaben bei dem Bücherstapel. Nehmen wir an, alle Bücher des Stapels zusammen hätten eine Masse von $m = 14$ kg. Welche Masse hätten diese Bücher auf dem Mond und auf dem Mars (theoretisch)? Wie groß ist die Gewichtskraft des Stapels auf der Erde, auf dem Mond und auf dem Mars? Benutze zur Berechnung die Ortsfaktoren $g_{Erde} = 9{,}8$ N/kg, $g_{Mond} = 1{,}6$ N/kg und $g_{Mars} = 3{,}7$ N/kg.

„Ist es keineswegs!“, fauchte Arne zurück. Er war so in Rage, dass er nicht bemerkte, dass das Gesicht von Leonie vor Wut knallrot angelaufen war.

„So, du schlauer Nachwuchsdetektiv!“, schrie Leonie. „Und wie willst du das beweisen?“ Doch auf diese Frage hatte Arne nur gewartet.

„Wie erklärst du dir dann die Gravur auf dem Griff des Füllers? Hier sind ja wohl ganz deutlich die Initialen ‚MP‘ zu erkennen. Heißt dein Vater neuerdings Max? Oder du gar mit Nachnamen Planck?“

Auch Arnes Stimme hatte jetzt grelle Töne angenommen. Er sah deutlich, wie Leonies Augen wässrig wurden, konnte aber die angestaute Wut der letzten Tage nicht mehr zurückhalten. Tapfer kämpfte Leonie gegen die Tränen.

„Zeig mal her.“ Sie wischte sich schnell mit der Hand über das Gesicht.

„Von wegen!“, rief Arne. Für ihn war der Beweis erbracht, dass Julius Baumgarten der Dieb sein musste. Aber diesen Verdacht laut auszusprechen, das traute er sich dann doch nicht. Er wollte seine Freundin nicht noch mehr verletzen.

Doch Arne hatte Leonie mit seiner Anschuldigung bereits genug gekränkt. Mit einer weiträumigen Handbewegung schmiss Leonie den Stapel Bücher vom Tisch und griff wütend nach ihrer Sporttasche. Jetzt war Julius Baumgarten mit dem Finger vor seinem Mund zum Tisch geeilt.

Übung 30: Leonie war so aufgebracht, dass sie den Bücherstapel vom Tisch fegte. Was passiert physikalisch gesehen mit den Büchern? Stell dir vor, Leonie hätte diesen Wutausbruch auf dem Mond oder in einer Raumstation im Zustand der Schwerelosigkeit. Erkläre, welche Unterschiede es an den verschiedenen Orten gibt. Betrachte dabei nur die verschiedenen Arten der Beschleunigung. Muss Leonie überall die gleiche Kraft aufwenden?

„Ich muss doch sehr um Ruhe bitten, Kinder." Verwundert schaute er in die Runde. „Was ist hier überhaupt los?"
„Das fragst du besser Sherlock Holmes", erwiderte Leonie kurz und verließ den Tisch. Arne hielt dabei noch immer den Füllfederhalter in die Höhe.
„Das ist ja wohl meiner." Herr Baumgarten griff mit einer schnellen Handbewegung nach dem Schreibgerät, sodass Arne nicht mehr reagieren konnte. „So, und nun klärt mich einmal auf. Wo wollte Leonie so schnell hin?"
„Na, zum Training", log Björn. Arne schaute seinen Freund verwundert an. So schlagfertig hatte er ihn selten erlebt. Björn fügte noch beiläufig hinzu: „Leonie und ihre Leichtathletik eben." Herr Baumgarten schaute die beiden Jungen immer noch verwundert an, nickte schließlich nur kurz und murmelte:
„Sicherlich. Ganz gewiss." Kurz darauf war er wieder hinter seinem Pult verschwunden. Als die Luft rein war, ergriff Arne das Wort:
„Reife Leistung", lobte er seinen Freund. Björn allerdings war wütend und fauchte Arne an:

„Mag sein, aber jetzt bist du mir erst einmal eine Erklärung schuldig! Ich verstehe nämlich rein gar nichts. Leonies Vater soll etwas mit dem Einbruch zu tun haben? Findest du das nicht ein wenig übertrieben?"

„Na, das liegt doch auf der Hand!" Wieder erhob sich Arnes Stimme mit einem aggressiven Unterton. Hatte Björn nicht begriffen, welche Entdeckung er gerade gemacht hatte? „Hast du den Füller nicht gesehen? Da stand in großen Buchstaben ‚MP' drauf – die Initialen von Max Planck. Ich wüsste nicht, wofür MP sonst noch stehen sollte. Außerdem schien der Füller sehr alt zu sein. Und so ein antikes Stück zählte doch auch zum Diebesgut der Einbrecher, oder etwa nicht?" Arnes Stimme überschlug sich fast vor Aufregung.

„Doch, schon", antwortete Björn. Er war hin- und hergerissen. „Meinst du wirklich, dass Herr Baumgarten ein Dieb ist? Vielleicht hat er den Füller einfach irgendwo gekauft, ohne zu wissen, wem er tatsächlich gehört? Was hältst du von dieser Möglichkeit?" Doch Arne schüttelte verbissen den Kopf.

Ein lautes Geräusch ließ die Jungen aufhorchen – Björns Magen knurrte.

„Zeit für eine kleine Stärkung", versuchte Björn abzulenken. Fast bedächtig befreite er ein Pausenbrot von seiner Alufolie und nahm einen kräftigen Bissen. Arne schaute ihm dabei nachdenklich zu. Dann ergriff er wieder das Wort:

„Mensch, Björn, überleg doch mal. Der Füller kann nur aus dem Besitz von Max Planck stammen. Wofür sollte die Abkürzung ‚MP' denn sonst stehen? Und um den Füller auf einem anderen Weg zu erwerben, blieb keine Zeit. Außerdem wissen wir doch beide, dass Herr Baumgarten ein Liebhaber alter Dinge ist. Es wäre also nicht verwunderlich, wenn er großes Interesse an den alten Tagebüchern und Aufzeichnungen von Max Planck hätte." Björn lauschte den Worten von Arne aufmerksam. Beim letzten Satz verschluckte er sich fast. Er sah Julius Baumgarten, den Bibliothekar, wie er sich die Hände rieb und zufrieden alte Bücher begutachtete, die genauso wie die Tagebücher von Max Planck aussahen. Langsam begann auch für Björn alles einen Sinn zu ergeben. Doch einen Versuch, Herrn Baumgarten zu entlasten, wollte er noch unternehmen.

„Aber eigentlich kommt er als Dieb gar nicht infrage.“ Er hob fordernd den Zeigefinger.

„Wieso?“ Arne staunte nicht schlecht und blickte seinen Freund neugierig an.

„Na, weil er während der Tatzeit zu Hause war. Wir haben doch bei den Baumgartens übernachtet. Wenn Leonies Vater nachts das Haus verlassen hätte, hätten wir das doch gehört.“

„Du hast recht“, grübelte Arne. „Er muss einen Komplizen gehabt haben.“

Übung 31: Björn hatte seine Pausenbrote in einer speziellen Folie verpackt. Diese „Alufolie“ besteht aus fast reinem Aluminium, das in Fabriken mit großen Walzen zu sehr dünnen Folien verarbeitet wird. Die Aluminiumfolien, die üblicherweise im Haushalt verwendet werden, haben eine Dicke von etwa 0,013 mm. Wie lang ist eine 0,30 m breite Alufolie, die aus 1 kg Aluminium hergestellt wird? Die Dichte dieses Metalls beträgt 2,7 g/cm³.

! ÜBUNG 31

Wütend und traurig über die schrecklichen Anschuldigungen hatte Leonie es vorgezogen, den Hinterausgang der Bücherei zu benutzen. Unkontrolliert kullerten ihr die Tränen über die Wangen. Erfolgreich hatte sie dagegen angekämpft, als Arne sie mit den Anschuldigungen gegen ihren Vater konfrontiert hatte. Aber jetzt, da sie allein war, konnte das Mädchen ihren Weinkrampf nicht mehr zurückhalten. Sie hatte immer geglaubt, Arne, Björn und sie würden wie Pech und Schwefel zusammenhalten. Aber sie hatte sich tief in Arne getäuscht. Seine Anschuldigungen waren ungeheuerlich!

Ein Rascheln riss Leonie aus ihren Gedanken. Sie befand sich im Hinterhof der Bücherei, wo für gewöhnlich die Mülleimer und Container für das Altpapier standen.

„Hallo?", rief sie unsicher und ihre Stimme hallte von den Wänden, die den dreckigen Hof umragten, zurück. Leonie erhielt keine Antwort. Doch dann hörte sie ein metallenes Klappern.

„Wer ist denn da?" Leonie wurde es langsam mulmig zumute. Dennoch trat sie einen Schritt nach vorn und lugte um einen der Container. Und da stand Kai Wiesel, der Reporter des Fuchstaler Anzeigers.

„Ach, du bist das", stotterte er. „Hast du mich vielleicht erschreckt!" Und auch Leonie war erleichtert. Schnell wischte sie sich die Tränen aus dem Gesicht.

„Darf ich fragen, was Sie hier machen?"

„Nein", stammelte der Reporter. „Darfst du nicht." Schnell ergänzte er: „Recherchen, weißt du."

„Das ist ja interessant", entgegnete ihm das Mädchen nun forscher. „Ich betreibe meine Recherchen für gewöhnlich in der Bücherei, nicht im Müll." Sie musterte Kai Wiesel von oben bis unten.

„Das musst du schon mir überlassen", antwortete er sichtlich zornig. „Hast du keine Schule? Du musst doch sicherlich irgendwohin?" Leonie wurde das Gefühl nicht los, dass Wiesel etwas vor ihr verbergen wollte. Doch in seiner Hand hielt er nur ein Diktiergerät. Die andere war leer. Leonie wollte es darauf ankommen lassen.

„Nein, ich muss nirgendwohin", entgegnete sie dem Reporter des Fuchstaler Anzeigers. „Ich soll für meinen Vater etwas im Altpapier suchen." Kai Wiesel schaute Leonie misstrauisch an. Er merkte, dass sie nicht gewillt war, das Weite zu suchen. Um sich nicht weiter verdächtig zu machen, gab er schließlich nach.

„Dann wünsche ich noch einen schönen Tag“, brummte er und zog von dannen.

Übung 32: Leonies Stimme hallte von den Wänden in dem dreckigen Hof. Dieser Effekt beruht darauf, dass sich Schall in alle Richtungen ausbreitet, aber auch von den Wänden reflektiert wird. Wenn wir dann unsere eigene Stimme wieder hören, nennt man dies das Echo. Stell dir vor, Leonie würde etwas rufen und ihr Echo nach $1^1/2$ Sekunden hören. Wie weit ist die Wand entfernt, die ihren Ruf reflektiert? Dazu musst du natürlich wissen, wie groß die Schallgeschwindigkeit in der Luft ist.

„Wofür sollen wir die Bücher denn ausleihen? Da steht doch nichts anderes drin als in denen, die wir ohnehin schon ausgeliehen haben.“ Björn verstand wieder einmal rein gar nichts.
„Nun“, klärte Arne seinen Freund auf. „Erstens kannst du so selbst auch noch einen Blick auf den Füller werfen. Und zweitens liegen die restlichen Bücher bei Leonie. Und ich kann mir nicht vorstellen, dass sie nach meiner Entdeckung noch weiter mit uns an unserem Projekt arbeiten möchte.“
„Aber wir brauchen sie doch“, protestierte Björn. „Oder willst du dir etwa eine eigene Sternwarte bauen?“, spottete er. Die Art und Weise, wie sein Freund mittlerweile über ihre beste Freundin sprach, behagte ihm ganz und gar nicht.
„Natürlich nicht“, erwiderte Arne knapp. „Aber genau genommen brauchen wir keine Sternwarte mehr. Wir haben doch bereits alles gesehen. Jetzt müssen wir unsere Beobachtungen nur noch auswerten und das Planetenmodell basteln. Wenn Leonie also meint, wir seien auf sie angewiesen, hat sie sich getäuscht.“ Ohne einen weiteren Kommentar marschierte Arne zur Ausleihe. Björn folgte ihm murrend.

Als Arne fast provozierend die Bücher auf das Pult zur Ausleihe knallen ließ, schreckte Julius Baumgarten, der gerade in einen Artikel über Musikinstrumente vertieft gewesen war, hoch. Der Bibliothekar blickte auf die Bücher.

„Na, da habt ihr ja einiges vor“, lächelte er freundlich. Schnell nahm er einen Kugelschreiber zur Hand. „Ihr könnt euch die Bücher bis Anfang kommender Woche ausleihen“, meinte er und kritzelte das Datum des Abgabetermins auf den dafür vorgesehenen Zettel, der auf der letzten Seite des Buches eingeklebt war.

„Ist in Ordnung“, antwortete Arne enttäuscht.

„Hier habt ihr noch eine Tüte.“ Herr Baumgarten packte die Bücher für die zwei Jungen gewissenhaft ein. „Es sieht nach Regen aus.“ Sein Blick wanderte durch die großen Fensterscheiben der Bücherei zum Himmel hinauf, wo sich große dunkle Wolken aufgetürmt hatten.

„Danke“, entgegneten Arne und Björn knapp und wollten gerade gehen, als ihnen Julius Baumgarten hinterherrief: „Und keine Sorge – Leonie kriegt sich schon wieder ein!“
Die zwei Freunde verließen die Bücherei.
„Was machen wir jetzt?“, wollte Björn wissen.
„Ich schlage vor, wir arbeiten bei dir weiter, oder denkst du, deine Mutter hat etwas dagegen?“ Arne schaute seinen Freund fragend an.
„Kann ich mir nicht vorstellen.“ Björn schüttelte den Kopf. „Und wenn du bei mir übernachtest, können wir morgen früh gleich auf den Flohmarkt gehen. Ich wollte noch nach ein paar bestimmten Heften für meine Comic-Sammlung schauen. Da kann ich Hilfe gut gebrauchen.“

Übung 33: Herr Baumgarten gab Arne und Björn eine Tüte, damit sie die Bücher besser tragen konnten und um sie vor möglichem Regen zu schützen. Nun gibt es Tüten, die nicht besonders stabil sind. Nehmen wir an, eine Tüte reißt bei einer Krafteinwirkung von 200 N. Welche Masse dürfen die Bücher in dieser Tüte nicht überschreiten, damit man den Inhalt unbeschadet nach Hause tragen kann? Würde die Tüte am Nordpol eher reißen?

ÜBUNG 33 !

Auf halbem Weg zum Leichtathletiktraining wurde Leonie bewusst, dass sie unter den gegebenen Umständen auf keinen Fall mehr mit Arne und Björn an ihrem gemeinsamen Physikprojekt weiterarbeiten konnte. Doch sie wusste auch, dass Herr Neibliz es nicht gestatten würde, sich einer Gruppe anzuschließen, die schon vollzählig war. Ein anderer Plan musste her.
In diesem Augenblick kam ihr eine geniale Idee, zumal sie so Arne auch noch eins auswischen konnte. Ganz wohl war ihr dabei zwar nicht – aber Fred Ubel hatte bis auf Anton Haupt keinen weiteren

Mitstreiter für sein Projekt „Fotometer“ gefunden. Dort war also noch ein Platz für die Gruppenarbeit frei.
Ewald Ubel hatte nicht nur den Job seines Vorgängers Richard Liebknecht übernommen, er war auch mit seiner Familie in das ehemalige Haus der Liebknechts gezogen, die nun auf Sardinien ihren Lebensabend genossen. Und weil sich das Haus ohnehin auf dem Weg zum Sportplatz befand und Leonie zu früh dran war, fasste sie sich ein Herz. Sie wollte Fred Ubel ihren Vorschlag unterbreiten.
Ein lautes Donnern erschreckte Leonie. Verdutzt schaute sie zum Himmel. Bei dem ganzen Streit mit Arne hatte sie nicht bemerkt, dass sich das Wetter extrem verschlechtert hatte. Die ersten Blitze zuckten und kündigten ein mächtiges Sommergewitter an. Dann platschten Leonie auch schon die ersten dicken Tropfen auf die Nase, wie es vorhin noch ihre Tränen getan hatten. Das hatte ihr jetzt gerade noch gefehlt! Aber so schnell sie auch radelte – dem Unwetter konnte sie nicht mehr entkommen.
Bis auf die Haut durchnässt fuhr Leonie durch die Straßen von Fuchstal, bis sie das frühere Haus der Liebknechts endlich erreichte. Sie hatte die alte Jugendstilvilla immer sehr gemocht – besonders weil Richard Liebknecht die Fassade damals blau angestrichen hatte.
„Das hat etwas von Pippi Langstrumpfs Villa Kunterbunt“, hatte Leonie immer gescherzt.
Doch als sie jetzt vor dem neuen Heim der Ubels stand, war vom Charme der alten Villa nicht mehr viel übrig. Offensichtlich hatte Ewald Ubel, der neue Chef des Kulturbüros, veranlasst, dem Haus einen neuen Anstrich zu verpassen. Es war jetzt in einem sterilen Weiß gehalten. Auch die alten Apfelbäume im Garten waren spurlos verschwunden und durch eine akkurat geschnittene Gartenhecke ersetzt.

Übung 34: Ein heftiges Gewitter überraschte Leonie, ein Gewitter mit viel Regen, aber auch mit Blitz und Donner. Was ist ein Blitz? Ist der Donner ein anderes Naturereignis? Wie kann man durch Zählen der Sekunden abschätzen, wie weit ein Blitz entfernt war? Ist, bezogen auf ein Gewitter, das alte Sprichwort „Buchen sollst du suchen, Eichen sollst du weichen“ richtig?

Leonie schloss ihr Rad an einen nahe gelegenen Pfeiler und schlich mit weichen Knien durch den Vorgarten zur Haustür. Aus einem der oberen Räume tönte der Klang eines Cellos. Leonie überlegte, ob sie nicht vielleicht doch besser wieder umkehren sollte. Dann nahm sie all ihren Mut zusammen und drückte auf den Klingelknopf. Sie zuckte zusammen, als eine laute Melodie hinter der Haustür ertönte.

„Ist das etwa deren Klingelton?“, ging es ihr durch den Kopf. Das Cellospiel aus dem oberen Stockwerk wurde abrupt unterbrochen. Stattdessen polterte eine Stimme durchs Haus, die die Wände nahezu vibrieren ließ:
„Hat man nicht einmal in seinen eigenen vier Wänden Zeit zur Muße?“ Das war ohne Zweifel die Stimme von Ewald Ubel. Leonie wunderte sich, dass Herr Ubel nicht im Kulturamt war.
Die Tür wurde auf- und Leonie aus ihren Gedanken gerissen. Vor ihr stand eine kleine Frau mit pechschwarzen Locken. Das musste Frau Ubel, Freds Mutter, sein. Erst jetzt bemerkte Leonie, dass sie wahrscheinlich ein erbarmungswürdiges Bild abgab. Ihre Haare tropften ihr in den Nacken, ihre Jeans war von der Nässe dunkelblau gefärbt und sie zitterte.
„Ja bitte?“, die Frau schaute Leonie verwundert an.
„Äh“, Leonie wusste nicht so recht, wie sie beginnen sollte. „Ich wollte zu Fred. Der wohnt doch hier?“ Insgeheim wünschte sie, sich an der Haustür geirrt zu haben.
„Ja, komm doch herein“, Frau Ubel machte die Tür weiter auf und trat erfreut beiseite. „Besuch, wie nett. Freeeed!“ Leonie schaute sich um. Die schönen Holzdielen der Liebknechts waren durch weiße Kacheln ersetzt worden. Und auch von antiken Möbeln war keine Spur mehr zu sehen.
„Was ist denn?“ Fred Ubel kam nörgelnd die Treppe herunter. Auf der Hälfte der Strecke blieb er verdutzt stehen. „Ja, wen haben wir denn da? Wenn das mal nicht Fräulein Baumgarten ist. Nass geworden?“ Der Junge grinste schadenfroh, als er Leonie fröstelnd im Flur stehen sah.
„Willst du deinem Gast nicht etwas zu trinken anbieten?“, forderte Freds Mutter ihn auf.
„Nein, will ich nicht“, entgegnete Fred barsch. In diesem Augenblick wusste Leonie nicht, ob sie zunächst Fred oder sich selbst

ohrfeigen sollte. Wie hatte sie nur so blöd sein können, in dieses Haus zu kommen?

„Also", begann der Junge, „was willst du?" Leonie überlegte noch einmal kurz. Doch schließlich entschied sie sich, Fred Ubel davon zu überzeugen, dass sie ein viel größeres Interesse an seinem als an ihrem eigenen Projekt hatte. Sie würde es Arne schon heimzahlen. Am Ende war Fred zwar immer noch ein wenig misstrauisch, willigte aber schließlich ein.

„Gut", meinte er knapp. „Wir sehen uns dann morgen in der Schule. Und du arbeitest schon einmal das Referat zum Fotometer aus." Leonie nickte. Anschließend verließ sie fluchtartig das Haus.

Übung 35: Leonie soll schon einmal das Referat zum Thema Fotometrie ausarbeiten. Wir wollen ihr bei den Anfängen etwas helfen: Was ist Fotometrie ganz allgemein und speziell in der Lichtoptik? Auch das Steckenpferd von Leonie kommt bei diesem Thema nicht zu kurz. Wozu benötigt man in der Astronomie ein Fotometer?

„Also", begann Björn, als die beiden Freunde endlich in seinem Zimmer saßen, das von oben bis unten mit Comic-Heften vollgestopft war. Die meisten waren zwar in Schubern ordentlich in den Bücherregalen aufbewahrt und chronologisch archiviert. Doch auch auf dem Schreibtisch, dem Nachttisch und dem Zimmerboden sah Arne die geliebten Hefte seines Freundes liegen. „Womit wollen wir anfangen? Wie wäre es, wenn wir als Erstes die Informationen über die Planeten in den Computer tippen?", schlug Björn vor.

„Ich hatte eigentlich gedacht, wir kümmern uns um den Einbruch und den ausgelobten Finderlohn", Arne grinste seinem Freund entgegen.

„Du bist unverbesserlich“, reagierte Björn verärgert, wenngleich er auch wusste, dass Einspruch zwecklos war. Hatte sich Arne erst einmal etwas in den Kopf gesetzt, war es beinahe unmöglich, ihn davon abzubringen. Und so war es auch dieses Mal.

„Habt ihr den Fuchstaler Anzeiger abonniert?“, wollte Arne wissen.

„Ich glaube schon“, erwiderte Björn schulterzuckend. „Obwohl meine Mutter ihn schon längst abbestellen wollte. Da stehe sowieso nur Tratsch und Klatsch drin, sagt sie. Womit sie bestimmt nicht ganz Unrecht hat.“

„Mag sein“, drängelte Arne, „aber dieses Mal könnte der Tratsch durchaus nützlich sein. Also, was ist? Holst du die Zeitung?“

Murrend machte sich Björn auf den Weg. Währenddessen versuchte Arne seine Gedanken zu ordnen und eine klare Linie in die Ermittlungsarbeiten zu bringen. Es dauerte eine ganze Weile, bis Björn wieder auftauchte.

„Hier“, er reichte seinem Freund die Zeitung und einen großen Teller mit Kuchenstücken. „Eine kleine Stärkung“, schmunzelte Björn, der nun wieder bei besserer Laune war. „Was willst du eigentlich mit dem Schmierblatt? Wir haben es doch schon ausgiebig gelesen.“

„Also“, Arne setzte ein nachdenkliches Gesicht auf. „Ich bin davon überzeugt, dass es sich bei dieser seltsamen Anzeige hier“, er deutete auf die merkwürdige Annonce, die ihm schon am Morgen aufgefallen war, „um einen geheimnisvollen Code handelt.“ Björn staunte nicht schlecht.

„Und was soll sich dahinter verbergen?“

„Nun lass mich doch erklären!“ Arne fiel ihm hastig ins Wort. „Ich glaube, es handelt sich um einen Termin für die Übergabe des Diebesguts.“

„Und wie kommst du darauf?“, wollte Björn wissen.

„Nun, die Anzeige ist mit ‚Moritz' unterschrieben – und wie heißt bei Wilhelm Busch der zweite Lausbub?"
„Max." Jetzt dämmerte es Björn. „Ach so, du meinst – Max Planck. Ein Hinweis auf die Beute?"
„Genau. Der Rest ist eine Botschaft, wo und wann die Übergabe stattfinden soll. Freitagabend, so viel ist klar."
„Aber was ist mit dem Cello gemeint? Und mit den sprießenden Knaben und den Hecken mit saftigen Früchten?" Björn war sichtlich verwirrt. „Das ergibt doch alles gar keinen Sinn."
„Eben – und genau deshalb sollten wir es unbedingt herausfinden", antwortete Arne mit ehrfürchtiger Stimme.

Übung 36: Während die beiden versuchen den Code zu knacken, sollst du versuchen ein physikalisches Phänomen zu erklären: Unsere Erde weist ein Erdmagnetfeld auf. Die Ursache dieses Magnetfeldes ist im Inneren unserer Erde zu suchen. Befindet sich dort ein großer Dauermagnet? Denke bei der Lösung dieses Problems an die Beschaffenheit des Erdinneren.

! ÜBUNG 36

Glücklicherweise war das Sommergewitter nur kurz gewesen. Mittlerweile regnete es nicht mehr und so konnte Leonie das Haus der Ubels verlassen, ohne wieder nass zu werden. Allerdings ging sie mit gemischten Gefühlen. Auf der einen Seite war sie erleichtert, dass Fred eingewilligt und sie in seine Arbeitsgruppe aufgenommen hatte. Jetzt hatte sie nicht nur ein neues Projekt, sondern konnte sich auch gleichzeitig an Arne rächen. So schlug sie zwei Fliegen mit einer Klappe. Arnes Gesicht würde sie gern sehen, wenn sie ausgerechnet mit Fred und Anton ihr neues Projekt vorstellen würde. Auf der anderen Seite war ihr klar, dass Fred und Anton nicht sehr ehrgeizig an ihrem Projekt arbeiten würden – falls sie überhaupt einen Finger krumm machten. Also wartete noch jede Menge Arbeit auf Leonie. Zunächst musste sie einen Aufsatz zum Thema Fotometer ausarbeiten. Doch das nahm sie gern in Kauf. Nach all den Anschuldigungen war es für sie undenkbar, weiter mit Arne zusammenzuarbeiten. Nur um Björn tat es ihr leid. Doch am Ende hatte er sich ja auf Arnes Seite geschlagen, stellte sie enttäuscht fest, während sie Richtung Sportplatz radelte.

Endlich hatte sie das Vereinsheim erreicht und freute sich, aus ihren nassen Klamotten herauszukommen. Leonie zog sich ihre Trainingskleidung an, schnürte ihre Spikes zu und hängte die nassen Anziehsachen über die lauwarme Heizung. Dann verließ sie die Umkleidekabine. Sicherlich würde Jens Hohenstein schon ungeduldig auf sie warten. Jens war ihr Trainer und Student der Sport- und Musikwissenschaften. Die beiden kamen bestens miteinander aus – Arne zog sie gern damit auf.

„Gib es doch zu! Du bist heimlich in ihn verliebt“, hatte er ihr jedes Mal entgegnet, wenn sie von Jens in höchsten Tönen schwärmte. Doch Leonie stritt das immer ganz entschieden ab. Einzig und allein von seinen abwechslungsreichen Trainingsmethoden war sie begeistert. Seit sie mit Jens zusammen trainierte, machte ihr der Sport wieder viel mehr Spaß und besonders im Kugelstoßen hatte sie sich erheblich verbessert.

Als sie aus der Umkleide trat, zuckte Leonie zusammen. Da stand Jens Hohenstein und diskutierte heftig mit keinem anderen als Kai Wiesel!

„Was will der denn schon wieder hier?“, dachte Leonie, während sie sich ihrem Trainer und dem Reporter näherte.

„Also, da müssen Sie sich gedulden“, beendete Jens das Gespräch. „Sie sehen ja: Meine Schülerin ist da.“ Kai Wiesel war vor Ärger rot angelaufen – und als er auch noch Leonie erblickte, wurde seine Laune nicht besser.

Übung 37: Zu den Disziplinen der Leichtathletik zählt auch das Laufen. Der Weltrekord der Männer im 100 m-Sprint liegt bei 9,77 s. Berechne die Durchschnittsgeschwindigkeit dieses Laufes in m/s und in km/h. Die 4 x 100 m-Staffel der Herren hält einen Rekord von 37,40 s. Teilt man diese Zeit durch vier, stellt man verblüfft fest, dass diese mit 9,35 s erheblich unter dem 100 m-Weltrekord liegt. Kläre den Widerspruch auf.

Leonie und ihr Trainer ließen den Reporter des Fuchstaler Anzeigers stehen. Auf ihrem kurzen Weg zum Sportplatz löcherte sie Jens regelrecht mit Fragen.

„Was wollte er von dir? Was macht er überhaupt hier? Ist das nicht ein unsympathischer Typ?"

„Na ja, sympathisch finde ich ihn auch nicht gerade. Aber das ist ja kein Grund, ihm nicht zu helfen." Jens ließ sich nicht aus der Reserve locken.

„Helfen? Ich verstehe nur Bahnhof." Leonie drängte weiter auf eine Antwort.

„Eines nach dem anderen. Jetzt nimm erst einmal eine Kugel."

Doch so leicht ließ Leonie sich nicht abwimmeln. Schließlich einigten sie sich auf einen Kompromiss: Für jeden gelungenen Wurf durfte Leonie Jens eine Frage stellen.

„Sehr gut", lobte Jens. „Ich war ja auch überrascht, als Kai Wiesel mich gestern anrief und wissen wollte, ob es stimme, dass ich Musikstudent sei."

„Und warum?", bohrte Leonie weiter. Jens antwortete nicht und zeigte nur stumm auf die nächste Kugel. Leonie gelang es, sich um fast zwei Meter zu steigern.

„Hervorragend. Nun, er meinte, er wolle sich einen Cello-Koffer ausleihen." Wieder schnappte sich das Mädchen eine Kugel und legte noch einmal einen halben Meter drauf.

„Wofür braucht er denn den?“

„Das hat er mir nicht verraten. Jedenfalls nicht konkret.“ Der nächste Wurf misslang. Leonie fluchte leise. Kai Wiesel stand am Rande der Tartanbahn und beobachtete die beiden argwöhnisch. Er rauchte eine Zigarette nach der anderen und wirkte irgendwie ungeduldig, ja beinahe nervös. „Er faselte etwas von seiner Fotoausrüstung, die er sicher verstauen wolle.“ Nach einigen weiteren misslungenen Versuchen ermahnte Jens Leonie zu mehr Konzentration. Daraufhin machte die Kugel – angetrieben von Leonies Neugier – einen Riesensatz. „Hervorragend!“, rief Jens Hohenstein.

„Und? Leihst du ihm den Kasten?“

„Nun, warum sollte ich das nicht tun? He, das ist ja deine persönliche Bestleistung!“ Jens kam triumphierend mit dem Metermaß zurück. „Glückwunsch!“

„Wann leihst du ihm den Koffer?“, bohrte Leonie weiter.

„Genau genommen – jetzt gleich.“ Jens Hohenstein schaute auf die Uhr. „Dein Training ist für heute beendet.“ Er lächelte Leonie an. „Bitte, kommen Sie mit“, rief Jens Kai Wiesel zu, während sich Leonie sputete, um zu duschen. Sie hatte einen gewagten Plan gefasst.

ÜBUNG 38 !

Übung 38: Leonie musste viel Kraft aufwenden, um eine Kugel nach der anderen weit und noch weiter zu stoßen. Erkläre allgemein den Zusammenhang von Kraft und Gegenkraft. Warum wird bei Leonie kein „Rückstoß“ erkennbar?

Während sich Leonie beim Training bemühte, die Kugel möglichst weit zu stoßen, um Jens Hohenstein eine Antwort nach der nächsten aus der Nase zu ziehen, saßen Arne und Björn zusammen und zerbrachen sich den Kopf, was die Annonce im Fuchstaler Anzeiger zu bedeuten hatte.

„‚Wo Knaben sprießen'", lästerte Arne. „Die Übergabe wird wohl kaum in einem Internat stattfinden." Björn kicherte.
„Na, aber auf der Geburtsstation des Elisabeth-Hospitals wohl auch nicht." Die beiden Jungen lachten.
„Gehen wir mal weiter im Text", meinte Arne. „‚Wenn das Cello erklingt'", las er vor. „Das könnte ein Hinweis auf die Bücherei sein."
„Auf die Bücherei? Verstehe ich nicht." Björn zuckte mit den Schultern.
„Was befindet sich über der Bücherei?"
„Genial!" Björn war begeistert. „Die Musikschule, natürlich." Doch nun stutzte auch Arne.
„Gibt es denn da eine Hecke?", wollte er wissen. „Das müssen wir unbedingt herausfinden." Arne war davon überzeugt, zumindest einige Teile des geheimen Codes geknackt zu haben. „Und mit dem kalten Fels könnte das alte Denkmal gemeint sein." Arne erinnerte sich, dass nicht unweit von der Bücherei das Denkmal vom „Beherzten Ritter" stand. Dieser hatte der Sage nach Fuchstal vor einer großen Überschwemmung bewahrt, indem er mit seinen tapferen Mitstreitern Dämme rund um die Stadt gebaut hatte. Zu jener Zeit hatte die Gefahr bestanden, dass der Fuchsbach, ein kleiner Fluss am Rande Fuchstals, nach einem großen Unwetter über die Ufer trat.
Björn war fasziniert. Das alles schien zusammenzupassen. Jetzt mussten sie nur noch herausfinden, was es mit den „sprießenden Knaben" auf sich hatte. Trotzdem machte sich Unbehagen bei Björn breit.
„Und du glaubst wirklich, dass Herr Baumgarten in den Fall verwickelt ist?", wollte er von Arne wissen.
„Ich bin mir ziemlich sicher. Erst recht, seitdem wir wissen, dass die Übergabe gleich in der Nähe der Bücherei stattfinden soll. Ich

glaube, er hält das Diebesgut dort irgendwo versteckt." Arne sprach mit ernster Miene.

„Gut, was schlägst du vor?" Jetzt sah auch Björn ein, dass Arne wohl recht hatte.

„Nun, wir werden uns morgen Abend dort auf die Lauer legen. Dann haben wir Gewissheit", erläuterte Arne seinem Freund den Plan. Björn nickte stumm, doch dann fragte er:

„Aber auf den Flohmarkt gehen wir doch trotzdem, oder?" Arne musste lachen.

„Aber sicher. Das machen wir morgen früh gleich als Erstes", antwortete er.

! ÜBUNG 39

Übung 39: Wir wollen indessen kurz den „beherzten Rittern" bei ihrem großen Einsatz zusehen. Der Damm ist fertig und das Wasser steigt. Die Ritter fahren nun mit einem Boot voll Sandsäcken an den Fuß des Dammes, um eine Stelle nachträglich zu verstärken. Sie werfen dort die Sandsäcke aus dem Boot, sodass diese vollständig im Wasser versinken. Steigt dadurch der Wasserspiegel kurzfristig oder sinkt er? Zur Lösung dieser Aufgabe musst du dir klarmachen, wie viel Volumen ein schwimmender Gegenstand im Wasser verdrängt.

„So schnell habe ich noch nie geduscht", dachte Leonie, als sie zum Handtuch spurtete. Ihre Sachen, die sie auf die Heizung gehängt hatte, waren noch nicht trocken. Doch das war Leonie egal. Sie war viel zu aufgeregt, um jetzt an nasse Kleidung oder gar an Ordnung in ihrer Sporttasche zu denken. Schnell stopfte sie ihr Handtuch und die verschwitzten Sportsachen in die Tasche. Leonie hatte jetzt nur ein Ziel: möglichst schnell die Umkleideräume zu verlassen. Mit ein bisschen Glück würde sie Kai Wiesel noch abfangen können.

Gerade wollte sie aus der Umkleidekabine laufen, da zögerte sie für einen Moment.
„Wäre es nicht besser, die Sporttasche hier zurückzulassen?“, überlegte Leonie kurz. Sie könnte bei ihrem Plan hinderlich sein. Doch dann entschloss sie sich, die Tasche doch mitzunehmen. Am Ende würde Jens Hohenstein sie noch entdecken und dann unangenehme Fragen stellen.
Als Leonie aus der Umkleidekabine spurtete, war auf den ersten Blick vom Reporter des Fuchstaler Anzeigers keine Spur. Enttäuscht schlich sie zu ihrem Rad. Gerade als sie um die Ecke bog, sah sie, wie Kai Wiesel den Cello-Koffer von Jens Hohenstein auf dem Beifahrersitz verstaute und dann mit rasselndem Motor losfuhr.
„Jetzt oder nie“, dachte Leonie, schwang sich auf ihr Fahrrad und begann mit der Verfolgungsjagd. Der Abend brach langsam an, doch glücklicherweise war es noch längst nicht dunkel. Leonie fuhr dem Reporter mehrere Straßenblocks hinterher. Gerade als sie dachte, sie hätte Kai Wiesel mit seinem roten Kleinwagen aus den Augen verloren, musste der Reporter an einer roten Ampel halten. Der Abstand der beiden zueinander wurde wieder kürzer. Das machte Leonie Mut und ermunterte sie, ihr Tempo wieder zu beschleunigen.
„Fast wie bei einem 1.000-Meter-Lauf“, dachte sie und versuchte noch einmal das Letzte aus sich herauszuholen. Insgeheim hoffte Leonie, dass diese Verfolgungsfahrt bald ein Ende nehmen würde. Der Riemen ihrer Sporttasche schnürte an ihrer linken Schulter und schmerzte. Verbissen hielt das Mädchen den Abstand. Ein ziemlich langsamer Autofahrer zwang Kai Wiesel, sein Tempo zu verringern. Wieder bog der rote Wagen um eine Ecke. Als auch Leonie die Kurve nahm, stellte sie erleichtert und völlig außer Atem fest, dass Wiesels Auto langsamer wurde und schließlich hielt.

ÜBUNG 40 !

Übung 40: Leonie ist mit ihrem Fahrrad ziemlich flott gefahren und konnte im Stadtverkehr sogar mit dem Auto von Kai Wiesel mithalten. Würde sie an einer roten Ampel neben einem Lastwagen stehen, könnte sie sogar beim Wechsel zu grünem Ampellicht schneller beschleunigen als dieser große Wagen. Wieso ist das möglich, obwohl der Lastwagen doch eine viel größere Kraft zum Beschleunigen aufbringen kann?

Leonie hielt es für klug, ihr Rad in sicherem Abstand zum Geschehen abzuschließen und zu warten, was weiter passierte.

„Was hat Kai Wiesel nur mit dem Cello-Koffer vor?", überlegte sie angestrengt. Der Reporter war aus dem Auto gestiegen, hatte den Koffer an sich genommen und sich dabei vorsichtig in alle Himmelsrichtungen umgeschaut. Dann marschierte er auf das große Gebäude vor ihnen zu. Leonie bemerkte erst jetzt, dass sie sich unmittelbar vor der Bücherei von Fuchstal befanden.

Sie war noch immer aus der Puste und rannte jetzt keuchend auf die andere Straßenseite, um Kai Wiesel zu folgen. Offensichtlich bevorzugte der Redakteur des Anzeigers den Hintereingang. Also schlug auch Leonie diesen Weg ein. Vorsichtig schlich sie den dunklen Gang entlang. Hier drang kein Sonnenlicht mehr ein und für die elektrische Beleuchtung war es noch deutlich zu früh. Als sie auf einmal Stimmen hörte, stockte ihr der Atem. Schnell versteckte Leonie sich hinter einem der Container.

„Das kann doch nicht sein! Ich hab' es doch hier hineingelegt", hörte sie Kai Wiesel fluchen.

„Dann schau' noch einmal richtig nach – es muss doch irgendwo sein!", nörgelte eine weitere Stimme, die dem Mädchen merkwürdig bekannt vorkam.

„Nichts. Da ist nichts." Kai Wiesel war verzweifelt. „Bestimmt hat diese kleine Göre nachgesehen und es an sich genommen."

„Ich hab' dir doch gesagt, dass du besser aufpassen sollst", erwiderte die andere Stimme. „Und überhaupt: Warum kommst du mit dem Koffer hierher? Und warum suchst du mich immer wieder auf? Wenn du so weitermachst, können wir unsere geheime Übergabe auch gleich auf dem Marktplatz veranstalten."
„Ich dachte", stotterte Wiesel, „es sei besser, du siehst vorher, wie der Koffer aussieht."
„Denkst du, ich habe noch nie einen Cello-Koffer gesehen?", fluchte der unbekannte Mann, den Leonie jetzt zu erkennen glaubte. Auf einmal schepperte es. Gebannt hielt Leonie den Atem an. Sie hatte aus Versehen mit ihrem Fuß eine leere Getränkedose beiseite getreten.
„Verflixt", dachte sie verärgert. „Wie kommt die denn da hin?" Sie lauschte. Nichts. Die Stimmen waren verstummt.
Vorsichtig suchte Leonie einen besseren Unterschlupf, indem sie noch weiter hinter den Container rückte. Dann auf einmal hörte sie ein seltsames, dumpfes Geräusch und eine recht deutliche Stimme.
„Vorsichtig, du sollst ihr ja nicht gleich ein Loch in den Kopf schlagen!"
„Was hatte das zu bedeuten?", fragte Leonie sich, ehe ihr schwarz vor Augen wurde. Bewusstlos sackte sie auf den kalten Boden.

Übung 41: Durch einen dunklen Gang schlich Leonie dem Reporter hinterher. In der Dunkelheit konnte sie nur sehr wenig erkennen, und so geschah wohl ihr ungewollter Tritt gegen die Dose. Was fehlt in der Dunkelheit, was benötigen wir, um sehen zu können? Erkläre den kompletten Vorgang des Sehens.

ÜBUNG 41 !

Physiklehrer Gottfried Neibliz lief ungeduldig vor seiner Klasse auf und ab. Krampfhaft hielt er seinen Kugelschreiber in der rechten Hand und begann mit einer deftigen Standpauke.

„Ein solcher Test ist mir in meiner langen Karriere als Physiklehrer noch nie untergekommen!", brüllte er seine Schüler an, die völlig eingeschüchtert und schweigend dasaßen. Leonie erzitterte. „Ich sehe die Versetzung bei einigen hier im Raum ernsthaft gefährdet." Sein Blick wanderte zu dem Mädchen, das immer unruhiger auf ihrem Stuhl hin und her rutschte. Unsicher schaute sie nach links und rechts, doch der strenge Blick ihres Physiklehrers schien sie zu durchbohren. „Ja genau, Fräulein Baumgarten. Damit meine ich vor allem Sie."

Panik beschlich Leonie, die jetzt mit offenem Mund dasaß und keinen Ton von sich geben konnte. Sie spürte die gehässigen Blicke ihrer Mitschüler. Gottfried Neibliz' Augen waren weiterhin auf sie gerichtet. Offenbar erwartete er eine Antwort von ihr. Doch sie blieb nur stocksteif sitzen. Plötzlich wurde die Tür des Klassenzimmers aufgerissen.

„Guten Morgen, Herr Neibliz", schmeichelte ihm der Mann, der gerade den Raum betreten hatte. Es war kein Geringerer als Kai Wiesel, der Reporter des Fuchstaler Anzeigers. „Sie hatten mich gebeten, zu kommen. Nun, für einen guten Artikel lasse ich selbstverständlich alles stehen und liegen."

„Vielen Dank", ergriff jetzt wieder der Physiklehrer das Wort. „Ich könnte mir gut vorstellen, dass die Leser des Fuchstaler Anzeigers ein Porträt der schlechtesten Schülerin am Max-Planck-Gymnasium sicher brennend interessiert." Leonie schüttelte ungläubig den Kopf, Wiesel nickte und warf ihr einen feindseligen Blick zu. Ein dritter Mann mit fettigem schwarzen Haar betrat das Klassenzimmer – und auch ihn hatte Leonie in keiner guten Erinnerung. Sofort mischte er sich in das Gespräch von Herrn Neibliz und Kai Wiesel ein:

„Aha, eine weise Entscheidung meine Herren ..."

Leonie wollte schreien, doch etwas hinderte sie daran. Ihr Gaumen war trocken und sie spürte den seltsamen Geschmack von Stoff in ihrem Mund, als sie langsam aus ihrem Albtraum erwachte. Doch als Leonie die Augen öffnete, blieb alles um sie herum finster. Ihre Augen waren verbunden.

Übung 42: Als Leonie ihre Augen öffnete, war sie schon wieder im Dunkeln – und zwar diesmal in totaler Finsternis. Eine Binde verhinderte, dass Licht in ihre Augen fiel und sie dadurch etwas sehen konnte. Es gibt viele Materialien, durch die das Licht nicht hindurchgehen kann. Was passiert mit den Lichtstrahlen, wenn sie auf einen Körper treffen, der nicht transparent ist? Es gibt zwei Möglichkeiten, die aber meistens gleichzeitig beobachtet werden können. Erkläre den Sachverhalt und nenne Beispiele.

Ein dunkelblauer Lieferwagen fuhr mit einem beachtlichen Tempo durch die Straßen von Fuchstal. Doch niemand ahnte, dass im Innenraum des Gefährts ein gefesseltes Mädchen schwitzte und verzweifelt nach Orientierung suchte.
Der Lieferwagen fuhr aus der Innenstadt heraus und bog am Stadtrand in einen kleinen Feldweg ein. Leonie spürte jede unebene Bewegung, ihr Kopf dröhnte. Sie wusste nicht, was geschehen war, und noch weniger, wo sie sich befand. Der Lieferwagen fuhr durch ein mächtiges Schlagloch und Leonie wurde mit ihrem ganzen Gewicht an die Seitenwand geschleudert. Sie spürte, wie ihre Handgelenke schmerzten, und wusste nicht, was mehr wehtat – ihr pochender Kopf oder das taube Gefühl in den gefesselten Händen. Plötzlich hörte Leonie eine Stimme vorn im Fahrerraum.
„Wir bringen sie in die Gartenlaube des alten Liebknecht. Die Hütte steht sowieso leer und mehr Komfort hat sie ohnehin nicht verdient."
„Still! Nicht so laut!", ermahnte ein zweiter Mann seinen Vorredner. „Wer weiß, ob sie nicht schon wach ist."

„Und wenn schon? Die Göre ist gefesselt und geknebelt. Wie soll sie da Alarm schlagen?“

„Was machen wir eigentlich mit ihr, wenn der Deal morgen abgelaufen ist?“

„Na, was schon? Wir sacken unseren Anteil ein.“

„Ich meine, was machen wir mit dem Mädchen? Wir können sie ja schließlich nicht dort verhungern lassen.“

„Wieso eigentlich nicht? Verdient hätte es das neugierige Stück. Was schnüffelt sie uns auch hinterher und steckt ihre Nase in Angelegenheiten, die sie nichts angehen?“

Leonie erschauderte. Langsam begriff sie. Offensichtlich war sie zwei Gaunern in die Hände gefallen. Und einer von ihnen war ohne Zweifel Kai Wiesel, der unsympathische Reporter vom Fuchstaler Anzeiger.

„Jede Wette, dass die beiden etwas mit dem Einbruch in das Gymnasium zu tun haben“, dachte Leonie stumm. In diesem Augenblick machte der Lieferwagen einen Ruck und blieb stehen.

„Los, schau mal nach ihr!“, hörte sie einen der Männer rufen.

ÜBUNG 43 !

Übung 43: Bevor wir erfahren, wie es weitergeht, wollen wir uns noch einmal mit dem Licht befassen, das Leonie ja immer noch nicht sehen kann. Ein Spiegel und ein weißes Blatt Papier reflektieren beide das einfallende Licht fast vollständig. Was ist aber der Unterschied zwischen beiden Flächen? Warum kann man nicht immer sein Spiegelbild sehen?

Als sich die Ladeklappe des Lieferwagens öffnete, stellte Leonie sich bewusstlos. So hatte sie es schon oft im Fernsehen gesehen – nicht dass die beiden Ganoven noch auf die Idee kämen, alles noch viel schlimmer zu machen, als es ohnehin schon war. Einer der beiden Männer sprang in den Lieferwagen.

„He“, er rüttelte an ihr. „Aufwachen! Unsere Spazierfahrt ist beendet.“ Leonie tat so, als wenn sie langsam wieder zu sich kam. Dann zappelte sie wild um sich, so gut sie konnte, denn schließlich waren ihre Hände – und wie sie jetzt feststellen musste – auch ihre Füße gefesselt.

„Also, ich sag’ es dir nur ein einziges Mal. Ich löse jetzt deine Fußfesseln. Aber mach ja keine Dummheiten!“, ermahnte sie der Mann, der der Stimme nach Kai Wiesel war. „Oder es wird ganz schnell wieder finstere Nacht für dich.“ Leonie rührte sich nicht. Alles, was ihre Situation ein wenig erträglicher gestaltete, war ihr nur recht. Der Mann half ihr und schob sie zum Rand des Lieferwagens.

„Stehen bleiben!“, befahl er. Leonie gehorchte. Dann hob der Mann sie hinunter auf den Boden. „Los!“ Er stieß sie nach vorn. Leonie verlor fast das Gleichgewicht. Unsicher stolperte sie den Pfad zur Gartenlaube der Liebknechts hinunter, ohne etwas sehen zu können. Immer wenn sie vom Weg abzukommen drohte, schob sie eine Hand unsanft in die richtige Richtung zurück.

„Stehen bleiben!“, hörte sie die nächste Anweisung. Dann klickte ein Schloss und eine alte Holztür knarrte. „Da wären wir.“ Zwei Hände schubsten Leonie in die Hütte. Einen Augenblick dachte sie an die Schrammen, die sie sich auf dem harten Boden holen würde – doch sie fiel weich. Leonie landete auf einer alten Matratze.

„He“, rief jetzt die zweite Stimme. „Was machen wir mit ihrer Sporttasche?“

„Wirf sie mit in die Hütte. Nicht dass sie noch jemand im Lieferwagen entdeckt.“ Kurz darauf hörte Leonie ein dumpfes Geräusch. Das musste ihre Tasche gewesen sein.

„Wie tröstlich“, dachte sie, „da kann ich ja wenigstens duschen.“ Noch bevor die Männer verschwinden konnten, versuchte Leonie mit erstickten Lauten auf sich aufmerksam zu machen. Jemand nahm ihr den Knebel aus dem Mund.

„Was willst du? Schreien? Hier hört dich sowieso keine Menschenseele“, spottete der Mann und sein Kompagnon lachte hämisch.
„Ich habe Durst“, entgegnete Leonie so freundlich wie möglich. Wie auf Kommando hörte sie ein Zischen. Dann hielt ihr einer der Männer eine Flasche an den Mund.
„Nimm einen ordentlichen Schluck. Bis morgen früh wird das dein letzter sein.“ Leonie schluckte.

ÜBUNG 44 !

Übung 44: Auf dem Weg zur Gartenlaube hatte Leonie fast ihr Gleichgewicht verloren. Das Gleichgewicht hat physikalisch gesehen etwas mit Standfestigkeit und der Lage des Schwerpunktes eines Körpers zu tun. Welche drei Arten von Gleichgewichten kennst du? Ein Ball ist rund und rollt. Stelle dir Situationen vor, in denen ein Ball sich in einer der drei Gleichgewichtslagen befindet, und gib diese als Beispiel an.

Wieder erhob sich die Sonne über Fuchstal und kündigte einen neuen Tag an. Björn schlief noch wie ein Stein und schnarchte vor sich hin. Nicht so sein Freund Arne, der sich, seitdem er wach war, unruhig in seinem Schlafsack von einer Seite auf die andere wälzte – und das seit nunmehr einer Stunde. Arne dachte an den aufregenden Tag, der die zwei Freunde erwartete. Zugegeben, erst musste er mit Björn den Flohmarkt besuchen. Aber gleichzeitig war das eine willkommene Abwechslung, sich die Zeit zu vertreiben, ehe sie sich in der Nähe des Denkmals vom „Beherzten Ritter“ auf die Lauer legen würden. Als Arne wach geworden war, hatte er auch an Leonie und ihren Streit denken müssen. Nicht auszudenken, wenn sich wirklich herausstellte, dass Julius Baumgarten etwas mit dem Einbruch im Max-Planck-Gymnasium zu tun hatte. Für seine Freundschaft mit Leonie wünschte sich Arne,

Herrn Baumgarten entlasten zu können. Doch die Zeichen standen alles andere als gut. Und dann erinnerte er sich an den alten Füllfederhalter mit den Initialen „MP“. Ein eindeutiges Indiz.
Björn öffnete seine Augen und bemerkte, dass Arne wach war.
„Guten Morgen.“ Björn richtete sich auf und sah den nachdenklichen Gesichtsausdruck seines Freundes. „Musst du auch an Leonie denken?“ Arne nickte nur stumm, während er sich von seinem Schlafsack befreite. „Meinst du nicht, wir sollten uns besser bei ihr entschuldigen?“ Björn war nach wie vor nicht wohl bei der ganzen Sache.
„Dafür ist es jetzt wohl ein bisschen zu spät“, entgegnete ihm Arne. „Wenn sich aber heute Abend jemand anders als Julius Baumgarten als Dieb entpuppen sollte, dann bin ich der Erste, der Leonie um Verzeihung bittet. Das kannst du mir glauben!“ Doch Arnes Stimme klang wenig überzeugend. Wie sollte sie auch? Die Indizien sprachen gegen Herrn Baumgarten.
Langsam quälten sich die beiden Jungen aus dem Bett und gingen abwechselnd ins Bad. Wenig später rannten sie in die Küche, wo Frau Veiste sie schon erwartete. Es duftete nach frischem Rührei und auf dem Frühstückstisch lag der druckfrische Fuchstaler Anzeiger. „Mal schauen, welche Neuigkeiten es gibt.“ Björn griff nach der Zeitung.

Übung 45: Die beiden Freunde stärkten sich bei einem leckeren Frühstück. In der Zeit gehen wir noch einmal zurück in das Bad von Familie Veiste. Dort hängt bestimmt ein Spiegel an der Wand, vielleicht aber auch im Flur. Wo der Spiegel hängt, ist eigentlich egal. Hauptsache, wir finden einen, in dem wir uns von Kopf bis Fuß betrachten können. In welcher Höhe muss ein solcher Spiegel angebracht und wie groß muss er mindestens sein? Hat dies etwas mit deinem Abstand zum Spiegel zu tun? Probiere es einfach aus oder fertige eine Skizze an.

„Seit wann interessierst du dich denn dafür, was in der Zeitung steht?“ Björns Mutter blickte verwundert auf und vergaß einen Moment die Sandwiches, die sie den beiden Freunden gerade zubereitete.

„Man kann sich gar nicht genug informieren“, grinste Björn naseweis. „Außerdem müssen wir doch wissen, ob für die Ergreifung der Diebe immer noch eine Belohnung ausgesetzt ist“, ereiferte sich Björn. Plötzlich verspürte er unter dem Küchentisch einen heftigen Tritt gegen sein Schienbein. „Autsch!“ Björn schrie erschrocken auf.

„Entschuldigung“, log Arne, als er merkte, dass Björns Mutter die zwei argwöhnisch musterte.

„Ihr zwei führt doch irgendetwas im Schilde. Lasst ihr mich an euren geheimen Plänen teilhaben?“ Sie blickte die beiden Jungen fragend an.

„Sobald du die Sandwiches fertig hast, wollen wir auf den Flohmarkt“, freute sich Björn.

„So früh schon?“ Frau Veiste staunte.

„Um die besten Comics zu ergattern, muss man so früh wie möglich dort sein“, erklärte er seiner Mutter kurz. Björn pflegte seine umfangreiche Comic-Sammlung mit großer Freude und war schon seit Ewigkeiten auf der Suche nach der Erstausgabe von „Slyder – der silberne Reiter“, von dem er ansonsten alle Hefte besaß. „Es wäre doch gelacht, wenn ich meine Slyder-Comics nicht bald komplett habe.“ Er griff nun hastig nach den fertigen Sandwiches, die akkurat in Frischhaltefolie eingepackt waren. „Komm Arne, lass uns unser Glück versuchen!“ Seine Mutter lachte und Arne zuckte nur hilflos mit den Schultern.

„Vielen Dank für das Frühstück, Frau Veiste“, bedankte sich Arne. Björn setzte sich auf sein Mountainbike und konnte es kaum noch erwarten.

„Nun mach schon!“, drängte er Arne zur Eile, als ob es galt, ein wichtiges Radrennen zu gewinnen. So kräftig hatte Arne seinen Freund noch nie in die Pedale treten sehen. Dieses Mal hatten sie die Rollen getauscht. Völlig außer Atem schloss Arne sein Fahrrad am Marktplatz ab. Björn hingegen schien völlig ausgeruht. Die Aussicht, endlich sein lang ersehntes Heft in Händen zu halten, hatte ihm scheinbar Flügel verliehen. Erstaunt schüttelte sein Freund den Kopf, als Björn ihn schon wieder zur Eile ermahnte.
„Was ist denn mit dir los? Hast du heimlich trainiert?“, scherzte Arne. Aber Björn war schon einige Schritte vorausgeeilt.
Auf dem Flohmarkt herrschte trotz der frühen Uhrzeit buntes Treiben. Arne musste achtgeben, seinen Freund nicht aus den Augen

zu verlieren, während dieser sich zielsicher ins Getümmel stürzte. Björn schien genau zu wissen, wo sich die Erstausgabe von „Slyder – der silberne Reiter“ versteckt hielt.

ÜBUNG 46 !

Übung 46: Da Björn heute eine sehr gute Kondition zeigte, lassen wir ihn noch einmal mit seinem Fahrrad einen Berg erklimmen. Nach oben zu gelangen war nicht einfach. Oben angekommen hat er dafür einiges an Höhenenergie gewonnen. Bei der Talfahrt braucht Björn sich nun nicht mehr anzustrengen, er lässt sich einfach hinunterrollen. Beschreibe, was passiert, wenn er losrollt und sich dann mit gleichförmiger Geschwindigkeit talwärts bewegt. Wo bleibt die Höhenenergie?

Der Flohmarkt in Fuchstal genoss fast schon so etwas wie Berühmtheit. Aus allen Nachbarstädten pilgerten Trödler und Sammler auf den Marktplatz der kleinen Stadt, um ihre Antiquitäten an den Mann zu bringen oder das eine oder andere Schnäppchen zu ergattern. Ob Secondhandklamotten, unzählige gelesene Bücher, alter Schmuck oder Uhren – hier fand sich für jeden etwas. Björn hatte sein Ziel fest vor Augen und zog Arne am Ärmel.
„Komm schon!“, drängte Björn seinen Freund. „Da vorn ist unser Stand.“ Schnurstracks marschierten die zwei Freunde auf einen Berg aus alten Kisten und Kartons zu. Dahinter lächelte ihnen ein alter Mann mit weißem Bart und einer überdimensional großen Brille freundlich entgegen.
„Aha“, grinste der Mann, „mein bester Kunde.“
„Guten Morgen, Herr Schmallberg“, entgegnete Björn freundlich.
„Na, Junge, was kann ich heute für dich tun?“
„Nun“, begann Björn und offenbarte Herrn Schmallberg seine Wünsche. Arne beachtete die zwei Experten nicht weiter und stöberte geistesabwesend in einem der Kartons herum. Hier fand er

Bücher in besonders schlechtem Zustand, die bereits aus ihren Einbänden zu fallen drohten. Auch einige handschriftliche Fragmente befanden sich darunter, denen Arne zunächst keine Beachtung schenkte. Doch dann blieb sein Blick starr an einem Namen hängen. Entgeistert fingerte Arne das Dokument aus dem Karton und blätterte mit zittrigen Händen darin herum. Das wiederum zog die Aufmerksamkeit von Herrn Schmallberg auf sich.

„Für zwei Euro kannst du die Aufzeichnungen haben."

„Gekauft!" Arne reichte ihm eine Münze. „Darf ich fragen, wo sie die herhaben?" Der Junge musterte den alten Mann misstrauisch.

„Betriebsgeheimnis", antwortete dieser nur knapp und wandte sich wieder Björn zu.

„Für acht Euro nehme ich diese Ausgabe hier." Björn reichte Herrn Schmallberg einen Comic.

„Abgemacht!" Der Verkäufer schlug in das Geschäft ein.

Übung 47: Auf einem Flohmarkt kann man nicht nur alte Klamotten, Bücher oder Schmuck kaufen, sondern auch jede Menge gebrauchte Elektrogeräte. Man findet dort bestimmt auch alte Staubsauger. Stell dir vor, du hättest ein solches Gerät gekauft und möchtest nun dein Zimmer gründlich durchsaugen. Der Staubsauger arbeitet mit einer Leistung von 1200 W und du bist $^1/_2$ Stunde ohne Unterbrechung beschäftigt. Welche Energie wird in dieser Zeit verbraucht und wie groß ist die Stromstärke beim Betrieb an der heimischen Steckdose? Springt eine 10 A-Sicherung in diesem Stromkreis heraus?

ÜBUNG 47 !

„Äh", Björn drehte sich zu seinem Freund um. „Kannst du mir mal eben fünf Euro leihen?" Wie in Trance reichte Arne ihm eine Zehn-Euro-Note. Erstaunt nahm Björn das Geld und bezahlte. Sie verabschiedeten sich und gingen von dannen. Erst als sie sich außer-

halb der Hörweite von Herrn Schmallberg befanden, traute sich Björn, Arne anzusprechen: „Sag mal, was hast du denn da so Interessantes?“
„Ich glaube“, antwortete Arne mit geheimnisvoller Miene, „wir haben soeben ein weiteres Indiz gefunden.“
Arne hielt die Spannung nicht mehr aus. So schnell wie möglich wollte er überprüfen, ob er mit seinem Verdacht richtig lag. Dieses Mal war er es, der Björn durch die Menschenmassen zerrte.
„Da hinten am Brunnen ist es etwas ruhiger.“
Die beiden Freunde setzten sich auf eine freie Bank. Nun wollte Björn endlich wissen, was seinen Freund in Aufruhr versetzt hatte.
„Erklärst du mir jetzt, was das alles zu bedeuten hat?“ Arne antwortete nicht, sondern blätterte nur stumm durch die Zettel, die er in seinen Händen hielt. Hier und dort hielt er inne und murmelte leise einige Floskeln wie „Richtig“ oder „Habe ich es mir doch gedacht“. Björn beobachtete seinen Freund fünf Minuten mehr oder weniger geduldig, dann riss er ihm die Blätter aus der Hand.
„He, vorsichtig!“, rief Arne empört. Björn ignorierte ihn. Neugierig las er die handschriftlichen Zeilen. Auf einmal wurde Björn leichenblass.
„Das sind doch nicht etwa ...?“, stammelte er in Richtung Arne. Der nickte triumphierend.
„Und ob! Das sind Aufzeichnungen aus den Tagebüchern von Max Planck.“
„Und die hast du eben bei Herrn Schmallberg gekauft?“, fragte Björn.
„Hast du doch gesehen. Ich frage mich aber, woher er die hat – mir wollte er es ja nicht sagen“, antwortete Arne. Endlich sah auch Björn seine Chance gekommen, seinen Teil zur Aufklärungsarbeit beizutragen. Der Junge sprang auf und verschwand in der Menschenmenge. Arnes Augen folgten ihm, bis er im Getümmel des

Flohmarktes verschwunden war. Er ahnte, welchen Plan sein Freund verfolgte, und vertrieb sich die Zeit, indem er nochmals einige Passagen der Aufzeichnungen las. Es bestanden keine Zweifel. Das war ein Teil von Max Plancks Tagebüchern, die offiziell auf der Liste der gestohlenen Objekte standen. Arne überlegte, wie der alte Trödelhändler, den Björn anscheinend gut kannte, in ihren Besitz gelangen konnte. Ob er am Ende mit den Dieben unter einer Decke steckte?

Etwa zehn Minuten waren verstrichen, als Björn langsam zurück zum Brunnen geschlendert kam. Arne hatte ihn sogleich entdeckt. Es machte ihn sichtlich nervös, dass sein Freund sich übertrieben viel Zeit ließ.

„Nun sag schon! Konntest du etwas herausfinden?“, fragte er und kannte bereits die Antwort. Ein Blick in Björns Gesicht, der mit breitem Grinsen vor ihm stand, verriet alles.

Übung 48: Björn wird wohl nun etwas Licht in das Dunkel der Geheimnisse bringen. Licht kann man aber auch ganz einfach mit einer Glühlampe erzeugen. Wie lange kann man beim Licht einer Lampe mit der Aufschrift „75 W“ lesen, bis man eine Energie von 1 kWh verbraucht hat? Energiesparlampen verbrauchen entschieden weniger elektrische Energie. Eine solche Lampe mit 13 W liefert in etwa die gleiche Helligkeit. Wie lange kann man beim gleichen Energieverbrauch mit dieser Sparlampe lesen?

! ÜBUNG 48

Während die zwei Jungen der Lösung des Falls einen erheblichen Schritt nähergekommen waren, erlebte ihre Freundin einen alles andere als erfreulichen Morgen. Nur mit Mühe war Leonie in der alten Gartenlaube der Liebknechts eingeschlafen. Heftige Kopfschmerzen und ein lauter Knall hatten sie aus ihrem ohnehin schon unruhigen Schlaf gerissen. Sie hörte, wie sich ein Schlüssel im

Schloss drehte und eine Stimme die Stille in der Laube unterbrach.
„Ich hoffe, unser Fräulein hatte eine angenehme Nachtruhe“, spottete ein Mann, den Leonie als Kai Wiesel identifizierte. „Jetzt pass mal auf. Wir haben dir Frühstück gebracht und werden dich auch von deinen Fesseln befreien. Die Augenbinde wirst du dir aber erst abnehmen, wenn wir wieder die Tür verschlossen haben. Ist das klar?“ Die Stimme ihres Gegenübers klang bedrohlich.
„Ja, verstanden“, wisperte Leonie und kämpfte gegen ihre Tränen. „Ich weiß ohnehin, mit wem ich es zu tun habe“, dachte sie wütend und verzweifelt zugleich. Doch einen Plan, wie sie sich aus ihrer misslichen Lage befreien konnte, hatte Leonie nicht.
„Wie weit bist du?“ Der ihr unbekannte zweite Mann betrat jetzt ebenfalls die Gartenlaube.
„Ich habe unsere kleine Schnüfflerin hier aufgeklärt, wie sie sich zu verhalten hat.“
„Gut, sehr gut. Nun, Fräulein Baumgarten, ich hoffe, Sie halten sich an unsere Spielregeln. Wir wollen doch nicht, dass Ihnen am Ende noch etwas zustößt.“ Woher kannte der Mann bloß ihren Namen, fragte Leonie sich, ließ sich aber nichts anmerken und nickte nur stumm.
„Okay, wenn wir unsere Sache abgeschlossen haben, dann benachrichtigen wir jemanden, der dich aus dieser netten Hütte befreien wird.“ Leonie nickte abermals stumm, um zu zeigen, dass sie alles verstanden hatte.
„Und komm’ ja nicht auf die Idee, weiter Detektivin zu spielen! Sonst nimmt das alles noch ein böses Ende“, drohte der Mann. Wieder konnte Leonie nur nicken. Plötzlich kam jemand auf sie zu und nahm ihr die Fesseln an den Händen ab.
„Um die Fesseln an deinen Füßen kannst du dich selbst kümmern“, tönte es ihr ins Ohr. Als sie hörte, wie das Schloss einrastete, horchte Leonie auf. Mittlerweile hatten ihre Entführer die Hütte

wieder verlassen. Zunächst heulte ein Motor auf, dann entfernten sich die Wagengeräusche langsam und es kehrte Stille ein.

Übung 49: Es dauerte noch einige Minuten, bis Leonie sich von ihren restlichen Fesseln befreien konnte. Wir nutzen diese Zeit für weitere Fragen im Bereich des elektrischen Stroms. Das Verhältnis von elektrischem Strom und Spannung ist durch ein physikalisches Gesetz gegeben. Wie heißt dieses Gesetz? Schreibe es als Formel auf. Wie nennt man die dritte Größe in dieser Gleichung? Wovon ist diese Größe bei einem Draht abhängig? Auch dafür gibt es eine Gleichung. Erläutere die einzelnen Größen dieser Gleichung.

Vorsichtig nahm Leonie sich die Augenbinde ab. Sie benötigte einige Zeit, um sich an die Helligkeit zu gewöhnen. Das Tageslicht brannte in ihren Augen. Ihr erster Blick wanderte instinktiv und hoffnungsvoll zu dem Licht, das in die Laube fiel. Leonies erster Gedanke war, durch eines der Fenster zu fliehen. Zur Not würde sie einfach die Scheibe einschmeißen. Doch schnell verflog der erste Ansturm ihrer Euphorie. Denn die Sonnenstrahlen hatten sich lediglich durch enge Spalten ihren Weg gebahnt – die Fenster der Gartenlaube waren mit Brettern vernagelt. Leonie schaute sich um. Sie befand sich in der alten Laube der Liebknechts. Früher waren sie, Arne und Björn oft hier gewesen. Bei dem Gedanken wurde sie traurig. Was ihre beiden Freunde jetzt wohl gerade taten? Insgeheim hoffte sie, dass die beiden von selbst auf den Gedanken gekommen waren, dass ihr Vater unmöglich an dem Einbruch ins Max-Planck-Gymnasium beteiligt sein konnte. Bestimmt hatten Arne und Björn schon längst bemerkt, dass Kai Wiesel etwas mit dem Diebstahl zu tun hatte, und sich an ihn herangehängt. Bislang war der Reporter vom Fuchstaler Anzeiger ja nicht besonders clever gewesen und hatte jede Menge Spuren hinterlassen. Björn und

Arne mussten sie nur richtig deuten. Leonie schaute auf das Tablett, das ihr die zwei Männer hingestellt hatten. Darauf befanden sich eine Packung Orangensaft, zwei Brötchen und zwei auf den Teller platzierte Scheiben Salami. Einen Moment musste Leonie an Frau Veiste denken, die sicher ganz empört über so viel Lieblosigkeit gewesen wäre. Sie kicherte unfreiwillig. Doch dann brach sie in Tränen aus. Insgeheim hoffte Leonie, dass gleich Björn und Arne die Tür der Laube öffnen und sie aus ihrer misslichen Lage befreien würden. Doch nichts rührte sich. Sie würde sich wohl bis zum nächsten Morgen gedulden müssen. Leonie beschloss, erst einmal nichts zu essen, sondern sich ihre Rationen streng einzuteilen. Sie war sich nicht sicher, ob Kai Wiesel und sein Komplize Wort halten und ihr tatsächlich jemanden zur Hilfe schicken würden. Ganz gleich, wer es sein würde: Selbst Physiklehrer Gottfried Neibliz würde sie vor Freude um den Hals fallen. Wieder ertappte sich das Mädchen, wie sie leise kicherte.

„Reiß dich zusammen!", dachte sie und wollte gerade zur Tür gehen, als sie der Länge nach auf den Boden der Laube fiel – sie hatte ihre Fußfesseln ganz vergessen. Während Leonie sich daranmachte, die Seile zu entknoten, um ihre Lage etwas komfortabler zu gestalten, waren ihre beide Freunde längst bester Laune.

ÜBUNG 50 !

Übung 50: Leonie konnte nun endlich wieder etwas sehen, aber ihre Augen benötigten eine gewisse Zeit, um sich an die Helligkeit zu gewöhnen. Wie nennt man diesen Anpassungsvorgang? Welche Teile des Auges sind daran beteiligt? Erkläre den Unterschied zwischen den verschiedenen Lichtempfängern auf der Netzhaut.

„Also?" Arne wollte sich nicht länger auf die Folter spannen lassen. „Nun sag schon! Was hast du herausgefunden?"

„Interessante Neuigkeiten“, meinte Björn nur kurz. Er wollte seinen Freund noch ein wenig zappeln lassen. „Wie wäre es jetzt mit einem Eis?“

„Muss das sein?“, nörgelte Arne und winkte unruhig mit den Zetteln in seiner Hand umher. „Dein Eis kann doch warten.“

„Kann es eben nicht.“ Björn konnte sich ein Lachen nicht verkneifen.

„Also gut“, gab Arne klein bei. Der Junge wusste, dass er, wenn es um Naschereien ging, bei Björn auf Granit biss.

Ein letztes Mal drängelten sich die zwei Freunde durch die Menschenmenge auf dem Flohmarkt, um auf die andere Seite des Marktplatzes zu gelangen. Dort befand sich die Eisdiele „Tonis Paradiso“, in der sich Arne, Björn und Leonie am liebsten aufhielten. Bei Toni, dem Besitzer, genossen sie längst Sonderrabatt.

„Hallo, ihr zwei“, begrüßte er die beiden Freunde. „So früh schon ein Eis?“, schmunzelte er vor allem in Richtung Björn, dessen Augen zu glänzen begannen.

„Ich nehme drei Kugeln: Schoko, Erdbeere und Himbeere“, jauchzte er.

„Du hättest auch sagen können: wie immer“, nörgelte Arne ungeduldig. Zu Toni meinte er: „Nein danke. Ich finde es wirklich noch zu früh für ein Eis.“

Arne wartete und ließ Björn einen Moment lang seine Waffel mit der kühlen Erfrischung genießen. Langsam schlendernd verließen die zwei Freunde den Marktplatz und marschierten die Straße entlang. Dann riss Arne der Geduldsfaden.

„Und hättest du jetzt die Güte, mir zu erzählen, was du herausgefunden hast?“, fauchte er seinen Freund an.

„Schon gut“, meinte Björn, der einsah, dass er den Bogen ein wenig überspannte. Er nahm auf einer Bank Platz, während Arne ungeduldig vor ihm stehen blieb.

„Also“, holte Björn aus, „ich war noch einmal bei Herrn Schmallberg. Du hast ja sicher bemerkt, dass ich einer seiner besten Kunden bin. Deshalb habe ich ihn gebeten, mir ausnahmsweise zu verraten, wie er an diese Aufzeichnungen gekommen ist.“
„Und was hat er gesagt?“ Arne hielt die Spannung kaum noch aus.
„Nun, die Lösung liegt direkt hinter mir.“ Arne schaute über Björns Schulter und blickte genau auf die Bücherei. Von oben aus einem der offenen Fenster fiedelte eine Geige.
„Die Bücherei?“
„Richtig“, nickte Björn. „Herr Schmallberg hat die Manuskripte aus dem Altpapiercontainer gefischt. Dort sucht er öfter nach ausrangierten Büchern. Günstiger kommt man an Bücher nicht ran.“

ÜBUNG 51 !

Übung 51: Björn erzählte seinem Freund nun endlich, wie der Flohmarkthändler an die Aufzeichnungen gekommen war. Er wird dabei aber sicherlich sein Eis nicht vergessen haben, denn es wäre ja sonst geschmolzen. Alle Stoffe können in drei verschiedenen Zuständen vorkommen, den Aggregatzuständen. Kennst du diese drei Stoffformen? Erkläre sie mit dem Teilchenmodell.

Arne wusste nicht, ob er triumphieren oder trauern sollte.
„Da haben wir es doch!“, entfuhr es ihm. „Das ist der nächste Beweis. Die Schlinge zieht sich zu!“
„Was soll das denn nun schon wieder heißen?“ Björn begriff nicht, worauf sein Freund hinaus wollte.
„Na, das ist doch ein weiteres Indiz, wenn nicht sogar der endgültige Beweis, dass Leonies Vater einer der Einbrecher sein muss!“
„Verstehe ich nicht.“
„Wo hat dein guter Herr Schmallberg die Tagebuchaufzeichnungen von Max Planck gefunden? Wer arbeitet in der Bücherei? Und: Wer besitzt einen Füllfederhalter mit den Initialen ‚MP‘? Die

Sache ist doch klar!“ Für Arne war die Beweislage eindeutig. „Jetzt müssen wir uns nur noch irgendwo hier auf die Lauer legen und das Denkmal beobachten“, erwiderte Arne siegessicher.

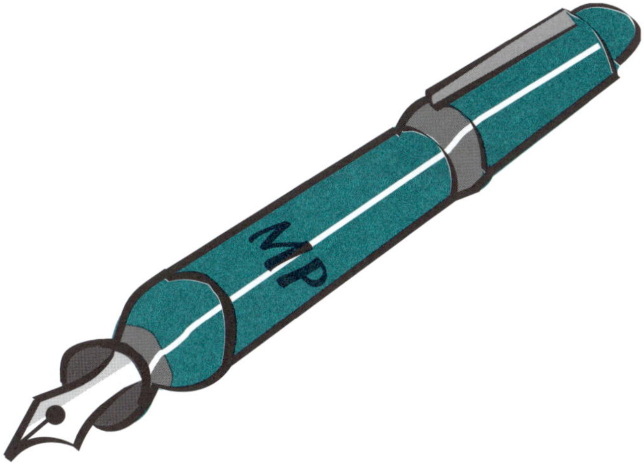

„Aber warum sollte Herr Baumgarten die kostbaren Tagebücher in den Altpapiercontainer werfen?“, fragte Björn.
„Vielleicht hat er sie aus Versehen dort hineingeschmissen. Oder er ist von jemandem überrascht worden und musste die Beweise schnell beseitigen“, antwortete Arne mit entnervter Stimme. Björn gab sich geschlagen. Die Schlussfolgerungen seines Freundes schienen Hand und Fuß zu haben. Plötzlich gab sein Magen ein lautes Knurren von sich. Arne stöhnte.
„Zeit fürs Frühstück“, grinste Björn verlegen. Die Jungen packten ihre Sandwiches aus. Dabei wanderte Arnes Blick immer wieder suchend hin und her.
„Da!“, rief Arne laut. Björn ließ vor Schreck sein Sandwich fallen. „Mist!“

Arne ignorierte das Missgeschick seines Freundes. Er deutete mit dem Zeigefinger einige Meter neben das Denkmal des „Beherzten Ritters“.
„Da ist tatsächlich eine Hecke“, krächzte Arne mit aufgeregter Stimme. Björn schaute staunend über die Straße. Arne hatte recht. Langsam fügten sich die Einzelteile des Puzzles zusammen. „Jetzt müssen wir nur noch auf die Übergabe warten.“ Björn und Arne waren sich einig.
Doch mit fortschreitender Zeit machte sich bei den beiden Freunden Langeweile breit. Bis in den späten Nachmittag hinein beobachteten sie das Denkmal, doch nichts passierte. Die Melodie von Björns Handy ließ die zwei Detektive aufhorchen.
„Eine SMS von meiner Mutter. Verdammt, ausgerechnet jetzt!“ Björn las den Text. Als Arne ihn fragend anschaute, lief sein Gesicht knallrot an. „Ich muss für meine Oma Einkäufe erledigen. Ansonsten gibt es Ärger und die Geschäfte schließen ja bald. Kommst du auch ohne mich klar?“
„Geh du nur. Ich bringe unseren Job schon zu Ende.“ Arnes Abenteuerlust war nicht mehr zu stoppen.

ÜBUNG 52 !

Übung 52: Arne und Björn observierten stundenlang ihre Umgebung. Dabei beobachteten sie nicht nur weiter entfernte Objekte wie z. B. Menschen, sondern sie schauten auch auf näher gelegene Objekte wie z. B. ihre Handys. Sie nutzten also ständig die Anpassungsfähigkeit ihrer Augen. Welche Fähigkeit, die wir nur selten bewusst wahrnehmen, ist in diesem Fall gemeint? Erkläre, wie das Auge dies bewerkstelligt.

Ein wenig enttäuscht schaute Arne seinem Freund nach, wie dieser zu seinem Fahrrad rannte. Arne konnte Björn gut verstehen. In Familienangelegenheiten verstand Frau Veiste keinen Spaß.

„Wenn es sein muss, stelle ich die Diebe auch allein“, überlegte er kurz. Doch bisher hatte er noch keinen Plan, wie er sie überführen sollte. „Am besten rufe ich die Polizei, sobald die Übergabe des Diebesgutes stattfindet“, dachte sich Arne.
Plötzlich raschelte es hinter seinem Rücken.
„Hallo, Arne“, rief eine Stimme ihm zu. Er zuckte zusammen. Doch die Stimme kam ihm sehr vertraut vor. Arne schaute langsam nach oben und sah schließlich in das lächelnde Gesicht von Julius Baumgarten. „Na, ganz allein hier? Wo hast du denn die beiden anderen gelassen?“ Herr Baumgarten schaute Arne fragend an.
„Die beiden anderen?“ Arne wunderte sich. „Ich verstehe nicht ganz.“ Verlegen schüttelte er den Kopf.
„Bist du etwa nicht mit deinen beiden Freunden hier? Ich dachte, Leonie hätte gestern bei dir übernachtet?“ Die Stimme von Herrn Baumgarten klang auf einmal besorgt. Dann dämmerte es Arne. Herr Baumgarten hatte von dem Streit in der Bücherei nicht allzu viel mitbekommen und ahnte nicht, dass die beiden immer noch zerstritten waren – und Leonie war offensichtlich heute Nacht nicht zu Hause gewesen. Deshalb nahm ihr Vater an, sie hätten sich wieder vertragen und seine Tochter hätte bei ihm übernachtet. Aber wenn Leonie die Nacht nicht zu Hause verbracht hatte, wo war sie dann? Arne schluckte. Hatte Julius Baumgarten dafür gesorgt, dass seine Tochter ihn nicht verraten konnte? Oder war ihr vielleicht etwas zugestoßen? Arne merkte, wie sich sein Magen verkrampfte.
„Arne?“ Herr Baumgarten schaute immer noch fragend auf den Jungen herunter.
„Ja“, stotterte Arne nervös. „Die zwei müssten gleich wiederkommen. Leonie hilft Björn nur schnell bei ein paar Besorgungen für Björns Oma“, log er. Herrn Baumgarten stellte diese Antwort zufrieden.

„Nun gut“, nickte er. „Dann richte meiner Tochter mal einen schönen Gruß aus. Und es wäre schön, wenn ich sie auch einmal wieder zu Gesicht bekäme.“ Mit einem Zwinkern ließ Herr Baumgarten Arne allein auf der Bank zurück.

Arne überlegte angestrengt, was er tun sollte. Wenn Julius Baumgarten in den Einbruch verwickelt war, hatte er jetzt sicherlich Verdacht geschöpft. Von hier aus konnte er das Denkmal also nicht länger beobachten. Außerdem machte Arne sich Sorgen um seine Freundin. Sollte Leonie tatsächlich etwas zugestoßen sein? Arne beschloss, nach Hause zu fahren. Als Erstes würde er Björn anrufen und ihn fragen, ob er Leonie seit ihrem Streit gesehen hatte. Immerhin war sein Freund ihr gegenüber nicht so herrisch aufgetreten wie er selbst.

Langsam brach der Abend an und Arne fuhr so schnell er konnte nach Hause. Schweißperlen kullerten über sein Gesicht. Doch dazu trug nicht nur die schwüle Sommerhitze bei. Arne hatte die blanke Angst gepackt.

ÜBUNG 53 !

Übung 53: Arne fuhr so schnell er konnte mit seinem Rad nach Hause, indem er kräftig in die Pedale trat. Aber die Wirkung der Kraftanstrengung ist nicht in jedem Augenblick gleich. Wohin zeigt die Pedalkurbel eines Rades, wenn man die volle Drehwirkung erreicht hat? Wann ist die Wirkung der Kraftanstrengung praktisch null? Wir nehmen an, dass dabei immer senkrecht nach unten getreten wird. Erkläre zuvor die Begriffe „Drehmoment“ und „Kraftarm“.

Noch immer hockte Leonie in der alten Gartenlaube der Liebknechts. Früher hatte sie sich hier immer so wohlgefühlt. Doch allmählich verabscheute sie diese Hütte. Immer wieder musste sie über die letzten Tage nachdenken. Dabei wurde ihr bewusst, dass sie Arne und Björn gar nicht böse sein konnte. Leonie wusste ja selbst, dass ihr Vater nun einmal eine Schwäche für alte Sammlerstücke hatte. Und um ehrlich zu sein, den Füllfederhalter hatte sie in der Bücherei auch zum ersten Mal gesehen. Vielleicht stammte er tatsächlich aus der Beute der Ganoven. Dann aber hatte ihr Vater – natürlich ohne von dem Diebstahl zu wissen – den Füller gekauft. Der Einbruch ging hundertprozentig auf das Konto von Kai Wiesel und seinem unbekannten Komplizen, da war Leonie sich sicher. Zum ersten Mal nach langer Zeit waren auch endlich ihre Kopfschmerzen verflogen. Kein dumpfes, dröhnendes Pochen störte sie beim Nachdenken.

„Irgendwo habe ich diese zweite Stimme schon einmal gehört", überlegte Leonie krampfhaft. „Denk nach!", spornte sie sich selbst an. Aber mehr als das Physikprojekt, das sie jetzt mit Fred Ubel bestreiten wollte, fiel ihr nicht ein. Doch dann, ganz plötzlich war es ihr klar! Natürlich, wieso war sie nicht gleich darauf gekommen! Leonie befand sich wieder vor dem Haus der Ubels. Aus dem oberen Stockwerk tönten Cello-Klänge und als sie klingelte, schrie eine Stimme von oben herab – Ewald Ubel. Jetzt konnte Leonie die einzelnen Bausteine zusammensetzen. Es war auch Ewald Ubels Stimme gewesen, die sie am Altpapiercontainer gehört hatte, kurz bevor sie niedergeschlagen wurde. Er war der Komplize im Lieferwagen und nicht zuletzt der Unbekannte in der Gartenlaube gewesen. Kai Wiesel und Ewald Ubel steckten also unter einer Decke. In diesem Moment kam Leonie die merkwürdige Annonce in der Zeitung in den Sinn. Alles stand in Zusammenhang! Die Anzeige war ein geheimnisvoller Code, mit dem die Gauner Zeit und Ort der Übergabe des Diebesguts vereinbart hatten. Auf einmal sprudelten die Gedanken nur so durch Leonies Kopf. Björns Geburtstag, Kai Wiesel, sein roter Wagen, der Geigenkasten – alles ergab jetzt einen Sinn.

„Ich muss jetzt so schnell wie möglich hier raus." Leonie schaute sich um. Nichts! Doch dann wanderten ihre Gedanken wieder zu Björns Geburtstag. „Richtig, die Magnete", schoss es Leonie durch den Kopf. Björn hatte sie in ihrem Zimmer liegen lassen. Genau das könnte jetzt die Rettung sein. Sie kramte in ihrer Sporttasche und hielt nach einigen Sekunden Björns Geburtstagsgeschenk in der Hand. Dann ging Leonie zur Tür. Sie hoffte, dass die beiden Gauner den Schlüssel für ihre spätere Befreiung im Schloss hatten stecken lassen. Und so war es. Mit einem dünnen Ast, der in der Hütte lag, stocherte das Mädchen so lange im Schlüsselloch herum, bis der Schlüssel mit einem dumpfen Geräusch hinter der Tür auf den Boden fiel. Leonie musterte den Türspalt.
„Das könnte klappen", stellte sie aufgeregt fest und hielt die Magnete so dicht wie möglich an den Spalt.
Es funktionierte! Die Magnete zogen den Schlüssel an. Vorsichtig holte Leonie ihn unter dem Spalt hervor. Jetzt konnte sie sich endlich aus der Laube befreien. Mit zittrigen Händen schloss sie die Tür der Gartenlaube auf und rannte nach Hause.

ÜBUNG 54 !

Übung 54: Leonie hatte Glück, dass der Versuch zu ihrer Befreiung auch tatsächlich gelungen ist. Nachdem der Schlüssel auf der anderen Türseite zu Boden fiel, zog sie ihn mithilfe der Magnetkräfte durch den Spalt. Dieser Versuch hätte aber auch fehlschlagen können. Nenne zwei mögliche Ursachen für einen eventuellen Misserfolg, die nur etwas mit Magnet und Schlüssel zu tun haben.

Zur gleichen Zeit, als Leonie nach Hause spurtete, trat Arne kräftig in die Pedale. Dem Jungen rannen die Schweißperlen über die Stirn – nicht allein aus Erschöpfung, Arne hatte Panik. Während er im Eiltempo mit seinem Rad nach Hause schoss, merkte er, wie sich sein Magen mehr und mehr verkrampfte. Ihm war speiübel und er glaubte, jeden Moment absteigen und sich übergeben zu müssen. Nachdem Herr Baumgarten ihm so ahnungslos gegenübergetreten war, glaubte Arne nicht mehr, dass er ihm nur etwas vorgespielt hatte. Außerdem war er davon überzeugt, dass seiner Freundin etwas zugestoßen war.

„Und ich bin schuld daran“, dachte er. „Ich habe den Streit provoziert.“ Bei diesem Gedanken drehte sich Arne erneut der Magen um. Glücklicherweise erreichte er in diesem Augenblick das Haus der Averbecks. Arne schmiss sein Fahrrad vor die Garage und huschte schnell durch die Wohnungstür. Als er schließlich im Flur stand, lugte der Kopf seiner Mutter erstaunt aus der Küche.

„Schon wieder zurück?“ Aber ihr Sohn antwortete nicht. Stumm nickte er seiner Mutter zu und stolperte dann die Treppe zu seinem Zimmer hinauf. Oben angekommen, warf Arne sich aufs Bett. Dann übermannten ihn seine Gefühle. Dicke Tränen rollten ihm übers Gesicht, das er immer tiefer in sein Kopfkissen drückte.

„Leonie ist bestimmt etwas zugestoßen“, schluchzte Arne noch ein paar Minuten leise weiter. „Und ich bin schuld daran.“ Doch dann richtete er sich plötzlich auf. „Schluss jetzt!“, ermahnte Arne sich. „Du musst einen kühlen Kopf bewahren.“ Einen Moment lang dachte er nach. Dann entschied er sich, Björn um Rat zu fragen. Also griff Arne zum Telefonhörer – doch er hatte Pech. Frau Veiste teilte ihm mit, dass Björn noch unterwegs sei.

Übung 55: Telefongespräche werden mit elektrischen Signalen durch Kupferdrähte übertragen. Doch heute gibt es noch eine andere Möglichkeit, um Signale in Kabeln weiterzuleiten. Glasfaserkabel übertragen eine viel größere Menge an Informationen mithilfe von Licht. Welches physikalische Phänomen der Optik nutzt man bei diesen Lichtleitern? Erkläre diesen Sachverhalt am Beispiel einer glatten Wasseroberfläche.

ÜBUNG 55 !

„Mist!“, fluchte Arne laut, nachdem er das Gespräch beendet und den Hörer wieder auf die Gabel gelegt hatte. Seine Gedanken waren bei Leonie, die er so schnell wie möglich finden wollte. Das war er seiner Freundin einfach schuldig.
Arne wartete verzweifelt auf einen Rückruf von Björn. Nervös lief er in seinem Zimmer auf und ab. Plötzlich knurrte sein Magen. Arne entschied, sich für später zu stärken und erst einmal nach unten zum Abendessen zu gehen. Als er in der Küche stand, schaute er sich irritiert um. Hier herrschte das reinste Chaos. Arnes Vater, Rufus Averbeck, hatte sich freiwillig in die entlegenste Ecke verkrümelt und studierte aufmerksam ein Buch. Arnes Mutter indes hatte den Rest der Küche in Beschlag genommen. Überall lagen Blumen, Sträucher und Gräser aus dem Fuchstaler Moor. Schon als Arne in die Küche kam, hatte er den typischen Geruch des Moors wahrgenommen.
„Du musst dir heute selbst ein paar Schnitten schmieren“, meinte seine Mutter nur flüchtig. Überall lagen Blumensträuße und -gestecke herum.
„Sofern du dafür einen Platz findest“, schmunzelte Herr Averbeck und sah zu Arne auf.
„Schau mal.“ Arnes Mutter hielt ihm einen Strauß unter die Nase. „Ist dieses Gesteck nicht besonders schön? Ich glaube, die Mischung aus Sonnentau, Knabenkraut, Wollgras und Moosbeere wird Frau Meyer gut gefallen.“ Arnes Mutter war eine begeisterte Hobbyfloristin und Frau Meyer ihre beste Abnehmerin.
„Hmm“, murmelte Arne nur geistesabwesend, während er sich zwei Schnitten schmierte. Dann tapste er wieder die Treppe hinauf. Er wollte Björns Rückruf nicht verpassen. Also wartete er erneut. Doch sein Freund meldete sich nicht.
Um sich die Zeit zu vertreiben, machte Arne sich daran, an seinem alten Radio zu basteln. Er schraubte den Kasten auf, hantierte hier

und dort an der Elektronik herum und schraubte den Kasten wieder zu. Dann schaltete er das Radio ein. Bisher hatte das antike Rundfunkgerät noch keinen Laut von sich gegeben, denn Arne war es noch nicht gelungen, herauszufinden, was kaputt war. Doch dann passierte das Unglaubliche: Es rauschte. Und als Arne am Senderrädchen drehte, hörte er tatsächlich eine Melodie. Aufgeregt sprang er in die Höhe. Triumphierend ballte er die Faust und stieß einen Jubelschrei aus.

„Geschafft!“, freute er sich.

„Soeben hörten sie das Cello-Konzert aus der Staatsoper ...“, tönte es aus dem alten Radio. „Wir bedanken uns für Ihre Aufmerksamkeit.“

„Gern geschehen“, antworte Arne dem Sprecher grinsend. Einen Moment hielt er inne. Dann sank er fassungslos zu Boden. Warum hatte er nicht gleich daran gedacht? Arne griff sich an die Stirn. Das war des Rätsels Lösung! Er hatte den geheimnisvollen Code geknackt! „Ich muss zu Björn“, war Arnes erster Gedanke. Er nahm seine Jacke, griff die Tagebücher von Max Planck, steckte sie in eine Folie und schlich eilig aus dem Haus.

Übung 56: Arne bastelte an seinem alten Radio und versuchte zu entdecken, was daran kaputt war. Dabei kennt er bestimmt die Gesetzmäßigkeiten, die in Stromkreisen gelten. Wie ist das mit dir? Wann teilen sich Stromstärken bzw. Spannungen auf? Wie nennt man diese Stromkreise? Was gilt dort für die Widerstände? Schreibe die dazugehörigen Gleichungen auf.

ÜBUNG 56 !

Wie vom Teufel gejagt rannte Arne Averbeck zu seinem Rad. Dann machte er sich auf den Weg zu Björn. Dabei trat er so schnell in die Pedale, wie er nur konnte. Ungläubig schüttelte er den Kopf. Er hatte es tatsächlich geschafft, die Annonce aus dem Fuchstaler

Anzeiger zu entschlüsseln. Björn und er waren auf der völlig falschen Fährte gewesen. Vor dem Haus der Veistes hielt er an und schaute nach oben. Doch in Björns Zimmer brannte kein Licht mehr.

„Hoffentlich schläft er noch nicht so fest“, betete Arne, sammelte ein paar Kieselsteine auf und warf sie gegen die Fensterscheibe. Nichts rührte sich. Arne wagte einen weiteren Versuch und wartete einen Moment. Dann erhellte sich das Zimmer und wenig später erschien Björns verdutztes Gesicht an der Scheibe. Er öffnete verwirrt das Fenster.

„Sag mal, hast du schon mal auf die Uhr geschaut?“, stellte er seinen Freund zur Rede.

„Psst!“, zischte Arne. „Nicht so laut. Zieh dir etwas über. Wir machen einen Ausflug“, rief er seinem Freund leise zu.

„Hm“, brummte Björn und tapste zurück in sein Zimmer. Keine zwei Minuten später stand er bei Arne unten auf der Straße. „Was ist denn überhaupt los?“, wollte Björn wissen.

„Das erzähle ich dir auf der Fahrt“, entgegnete Arne und drängte ihn zur Eile. „Hol dein Fahrrad.“

Kurz darauf fuhren die zwei Jungen durch die dunklen Straßen von Fuchstal, hinaus aus der kleinen Stadt.

„Wo geht es überhaupt hin?“, prustete Björn, während er mühevoll versuchte, den Anschluss zu halten.

„Ins Fuchstaler Moor“, antwortete Arne. Auf ihrer Fahrt dorthin erklärte er seinem Freund, wie die Annonce im Fuchstaler Anzeiger zu deuten war. Er berichtete von seinem alten Radio und der Übertragung des Cello-Konzerts. „Erinnerst du dich noch an das Geigengedudel aus der Musikschule?“, wollte Arne wissen. Doch er wartete Björns Antwort nicht ab. „Das war keine Geige. Das war ein Cello. Wir haben ein Cello-Konzert gehört. Ich habe die Melodie im Radio wiedererkannt. Und wer spielt Cello? Ewald Ubel!

Also geht auch er in dem Gebäude ein und aus und könnte die Aufzeichnungen von Max Planck im Hof deponiert haben." Björn schaute seinen Freund mit großen Augen an. Und Arne erzählte weiter. „Auch beim Ort der Übergabe haben wir uns getäuscht. Diese Gauner treffen sich nämlich im Fuchstaler Moor. Ausgerechnet meine Mutter hat mich darauf gebracht." Björn hatte es die Sprache verschlagen. „‚Wo Knaben sprießen'", wiederholte Arne noch einmal den Satz aus der Anzeige. „Damit ist das Knabenkraut gemeint, eine Pflanze, die meine Mutter im Moorgebiet gepflückt hat", fügte er schnell hinzu.
„Das ergibt Sinn", Björn nickte zustimmend.
„Und damit wissen wir auch, wer Ewald Ubels Komplize ist." Arne grinste seinen Freund triumphierend an.
„Aber bestimmt nicht Herr Baumgarten, oder?", wollte Björn von Arne wissen. Dieser schüttelte schnell den Kopf.
„Nein, zum Glück nicht. Ewald Ubels Komplize heißt Kai Wiesel."

Übung 57: Bevor es nun noch spannender wird, eine kurze Frage zur Elektrizität: Björn hatte sein Zimmer für kurze Zeit erhellt, möglicherweise mit einer Glühlampe. Warum gibt eine solche Glühlampe helles Licht ab, wenn sie von Strom „durchflossen" wird. Warum kann man sie nach kurzer Zeit wegen der großen Hitze nicht mehr anfassen? Was fließt dort?

ÜBUNG 57 !

Nach einiger Zeit hatten die beiden Jungen das Naturschutzgebiet des Fuchstaler Moors erreicht und versteckten ihre Fahrräder hinter einem großen Busch.
„Aber wie kommst du auf Kai Wiesel?", wollte Björn wissen, als sie den dunklen Pfad hinein ins Moor entlangschlichen.
„Erinnerst du dich noch an deinen Geburtstag? Als wir im Moor waren, haben wir doch jemanden beobachtet." Björn nickte. „Wir

wissen auch, dass es Kai Wiesel war, der scheinbar mit seinem Auto liegen geblieben war", erzählte Arne im Flüsterton weiter. „Ich wette, dass er damals nach einem geeigneten Ort für die Übergabe des Diebesgutes gesucht hat." Arne war sich sicher, dieses Mal auf der richtigen Fährte zu sein.
Leise und ganz vorsichtig schlichen die beiden Jungen zielstrebig auf den Ort zu, an dem sie noch vor ein paar Tagen ihr Picknick veranstaltet hatten. Arne ging voraus, doch es war schwierig für ihn, sich in der Dunkelheit zurechtzufinden. Der Vollmond, der über Fuchstal schimmerte, spendete den zwei Freunden nur wenig Licht. Plötzlich hielt Arne inne. Er hatte ein Geräusch gehört.
„Da entlang", flüsterte Arne leise. Daraufhin verließen Arne und Björn den Pfad und kämpften sich vorsichtig durch das Gestrüpp. Nach einigen Metern blieben sie hinter einer kleinen Hecke stehen. Das war genau der richtige Platz, um sich auf die Lauer zu legen und das Szenario zu beobachten.
„Guten Abend", hörten sie jemanden hämisch sagen. Arne erkannte Ewald Ubels Stimme sofort. Vorsichtig spähten die beiden Jungen aus ihrem Versteck heraus. Jetzt konnten sie den Chef des Kulturbüros auch schemenhaft sehen. In Arne brodelte es bei dem Gedanken daran, dass dieser dreiste Dieb seinem Vater den Posten des Kulturbüro-Leiters weggeschnappt hatte. Aber er war zu aufgeregt, um weiter darüber nachzudenken. Denn auf einmal trat eine weitere Person aus dem Schatten hervor.
„Eine wundervolle Nacht, nicht wahr?", erwiderte Kai Wiesel, der Reporter des Fuchstaler Anzeigers. Und obwohl die zwei Nachwuchsdetektive das Gesicht Kai Wiesels nicht erkennen konnten, konnten sie sich bestens vorstellen, wie Wiesel grinsend neben seinem Komplizen stand.
„Was habe ich dir gesagt?", flüsterte Arne seinem Freund zu. Aber Björn antwortete nicht. Arne drehte sich zu ihm um und sah in sein

entsetztes Gesicht. Björn hatte den Mund zu einem Schrei geöffnet. „Nicht!“, zischte Arne. Doch da war es schon zu spät.

Übung 58: Im Moor war es sehr dunkel, nur der Mond beleuchtete das Geschehen spärlich. Wo kommt das Mondlicht her? Beschreibe den Weg von der Lichtquelle bis zum Auge des Beobachters. Werfen Gegenstände im Mondlicht auch Schatten?

„Hilfe!“, schrie Björn laut. „Ich versinke! Das Moor verschlingt mich!“ Dann hielt er sich erschrocken die Hand vor den Mund. Voller Panik schauten sich die beiden Jungen an. Sie waren sich sicher, dass Kai Wiesel und Ewald Ubel Björn gehört haben mussten. Arne wollte seinem Freund helfen. Doch verzweifelt stellte er fest, dass auch er sich nicht mehr vom Fleck rühren konnte. Bis zu den Knien steckten sie im Moor. In all der Aufregung hatten die beiden nicht bemerkt, dass sie vom Weg abgekommen waren. Sie hatten sich ausgerechnet in der neben dem Pfad beginnenden Sumpflandschaft versteckt. Und nun begann das Moor sie langsam zu verschlucken. Arne versuchte sich freizustrampeln. Doch auf einmal stand Ewald Ubel vor ihm.

„Wen haben wir denn da?“ Ewald Ubel verharrte in sicherem Abstand zu Arne und Björn.

„Noch zwei Nachwuchsdetektive“, spottete jetzt Kai Wiesel, der sich neben Ewald Ubel aufgebaut hatte.

„Bitte“, flehte Björn wimmernd, „helfen Sie uns!“

„Alles zu seiner Zeit.“ Eine schrille Stimme ertönte durch das Moor. Für einen Moment vergaßen die zwei Freunde ihre missliche Lage und starrten in die Dunkelheit. „Unter einer geheimen Übergabe verstehe ich aber etwas anderes, meine Herren“, erboste sich die Stimme. Und dann trat ein hagerer Schatten ins Mondlicht. Arne traute seinen Augen nicht. Valentina Tümmler, die Museumsdirektorin, war zu der Gruppe gestoßen und musterte die zwei Jungen mit bösem Blick. Dann drehte sie sich zu ihren verlegenen Komplizen um: „Und? Haben Sie die Sachen?“

„Jawohl, Frau Tümmler, wir haben Ihre Liebhaberstücke gut verstaut“, buckelte Ewald Ubel. „Es gibt nur noch ein kleines Problem. Die Tagebücher“, er deutete auf Kai Wiesel, „sind ihm, nun ja, abhandengekommen.“

„Was soll das bitte schön heißen: ‚abhandengekommen‘?“, kreischte die Museumsdirektorin.

„Nun, sie sind verschwunden“, stammelte Ubel. Arne musste schmunzeln. Er tastete vorsichtig die Innentasche seiner Jacke ab. Er fühlte zu seiner Erleichterung die Folie, in der er die Notizen sicher verstaut hatte.

„Das geht natürlich von Ihrem Anteil ab“, zischte Valentina Tümmler.

„Natürlich“, stotterte jetzt Wiesel. „Der Rest liegt da hinten – gemäß unserer verschlüsselten Nachricht.“ Frau Tümmler antwortete nicht, sondern warf Ubel und Wiesel nur einen verächtlichen Blick zu. Mit großen Schritten ging sie zu der Brombeerhecke, hinter der sich das Diebesgut verbarg.

„Es wäre nett, wenn Sie mir beim Einladen helfen könnten. Oder soll ich mich allein um alles kümmern?“, schimpfte die Frau in quietschender Tonlage.

„Können wir Ihnen vielleicht behilflich sein?“ Ein riesiger Lichtkegel erhellte den Schauplatz. Valentina Tümmler zuckte zusammen. Auch Ewald Ubel war starr vor Schreck. Kai Wiesel allerdings reagierte blitzschnell und suchte das Weite. Als er an den beiden Jungen vorbeilief, griff Arne geistesgegenwärtig nach seinem Fuß. Wiesel landete der Länge nach im Matsch. Dann erkannte Arne Polizist Norbert Hanges, der Wiesel am Kragen packte und auf die Beine half. Sein Kollege hielt Valentina Tümmler und Ewald Ubel mit einem Revolver in Schach.

Übung 59: Ein riesiger Lichtkegel erhellte das Moor und sorgte dafür, dass die Verbrecher nicht im Dunkel der Nacht untertauchen konnten. Solche Lampen sind auf eine ganz besondere Art konstruiert. Erkläre den Aufbau und die Funktionsweise eines Scheinwerfers. Du kannst dazu auch eine Skizze anfertigen.

„Kommt, ich helfe euch." Arne und Björn drehten ihren Kopf zur Seite.
„Leonie!", riefen beide. „Zum Glück ist dir nichts geschehen!", Arne atmete erleichtert auf, während das Mädchen erst ihn und dann Björn aus dem Sumpf zog.
„Na ja", räusperte sich Leonie. „Nichts wäre untertrieben." Dann erzählte sie ihren Freunden, wie sie von Ubel und Wiesel überrumpelt worden war. Sie erzählte von dem Schlag auf den Kopf, der Fahrt zur Gartenlaube der Liebknechts, ihrer fast schlaflosen Nacht und schließlich, wie sie sich mithilfe der Magnete aus der Hütte befreien konnte. Leonie erschauderte, als sie an all die schlimmen Sachen zurückdachte. „Nachdem ich fliehen konnte, bin ich so schnell wie möglich nach Hause gerannt und habe meinen Vater informiert", ergänzte Leonie. Wie auf Kommando trat nun auch Julius Baumgarten zu den drei Freunden.
„Na, ihr seid mir vielleicht zwei Experten! Mich zu verdächtigen …" Herr Baumgarten lächelte freundlich. Arne merkte, wie sein Gesicht knallrot anlief, und schaute beschämt nach unten. Schnell suchte er nach einer Entschuldigung:
„Aber ihr Füllfederhalter mit den Initialen ‚MP' ..."
„MB", korrigierte ihn Leonies Vater. „Magnus Baumgarten – mein Großvater. Er hat mir den Füller vermacht", klärte Herr Baumgar-

ten die drei auf. „Zugegeben, das goldene B ist schon ein wenig abgeblättert.“ Einen Moment kehrte Stille ein, doch dann fing die kleine Gruppe an zu lachen.
„Schade nur“, stellte Leonie enttäuscht fest, „dass die Tagebücher von Max Planck anscheinend verschwunden sind.“
„Das glaube ich nicht“, grinste Arne und fingerte in seiner Jackentasche herum. „Ich denke“, der Junge wandte sich jetzt an Norbert Hanges, „das hier sollte ich Ihnen geben.“ Arne reichte dem erstaunten Polizisten das verschwundene Tagebuch.
„Na, da darfst du dich ja auf eine ordentliche Belohnung freuen“, nickte Norbert Hanges anerkennend, während Valentina Tümmler, Kai Wiesel und Ewald Ubel in Handschellen abgeführt wurden.

Am nächsten Tag war es dann endlich so weit. Die große Ausstellung über Max Planck konnte planmäßig eröffnet werden. Nicht nur die Schülerprojekte, auch die gestohlenen Exponate waren in

der großen Aula des Gymnasiums feierlich aufgestellt worden. Rektor Meinicke stand auf einem Podest und hielt seine Eröffnungsrede, die sich langsam dem Ende zuneigte.
„Bevor ich die Ausstellung über den großen Max Planck für eröffnet erkläre“, Rektor Tilman Meinickes Stimme tönte triumphierend durch die Aula, „möchte ich noch ein paar Ehrungen vornehmen. Ich darf Arne Averbeck, Leonie Baumgarten und Björn Veiste auf die Bühne bitten, die mit ihrem kriminalistischen Gespür unsere Ausstellung gerettet haben.“
Unter tosendem Beifall schlichen die drei Freunde ein wenig verlegen auf die Bühne und Rektor Meinicke überreichte ihnen einen Umschlag. „Das, meine Freunde, ist eure verdiente Belohnung!“
Arne, Björn und Leonie konnten ihr Glück kaum fassen. Sie hatten es tatsächlich geschafft und den Fall aufklären können! Noch einmal ergriff Herr Meinicke das Wort: „Außerdem darf ich euch den neuen Leiter des Fuchstaler Kulturbüros vorstellen.“ Unter dem Applaus der Schüler und Lehrerschaft trat Rufus Averbeck hinter dem Vorhang hervor und zwinkerte den drei Freunden glücklich zu.

ENDE

Abschlusstest

Übung 1: Nun ist das Abenteuer glücklich überstanden und wir können uns noch einmal mit der Physik im Allgemeinen befassen. Physikalische Größen bestehen immer aus einer Maßzahl und einer Maßeinheit. Es gibt sehr viele Einheiten, aber nur wenige, die nicht aus anderen abgeleitet wurden. Zähle fünf dieser Grundeinheiten auf – sie wurden alle im Verlauf der Übungen genannt. Darunter befinden sich auch zwei, die nach berühmten Forschern benannt wurden. Auch anderen Naturforschern wurde mit der Benennung von Einheiten ein Denkmal gesetzt. Kennst du einige von diesen abgeleiteten Einheiten?

Übung 2: Arne fotografiert seine beiden Freunde mit einer selbst gebauten Lochkamera. In der Bildebene belichtet er einen Bildträger, der die Maße 60 mm · 60 mm hat. Der Bildträger befindet sich 30 cm vom Loch der Kamera entfernt. Welchen Abstand zur Kamera müssen seine Freunde mindestens einhalten, damit er sie von Kopf bis Fuß (1,5 m) abbilden kann?

Übung 3: Arne experimentiert in der Schule mit einer Sammellinse. Er stellt einen 15 cm hohen Gegenstand 60 cm entfernt von einer Sammellinse auf. Die Linse hat eine Brennweite von 20 cm. Wie groß ist bei dieser Anordnung die Bildweite und auch die Bildgröße? Zur Berechnung brauchst du auch die Linsengleichung.

Übung 4: Björn beobachtet eine Schnecke. Es ist eine besonders schnelle Schnecke, die mit einer Geschwindigkeit von 3 mm/s durchs Gelände gleitet. Gib diese Geschwindigkeit in km/h an und berechne die Zeit, die sie benötigt, um eine Straße von 3,5 m Breite auf dem kürzesten Weg zu überqueren.

Übung 5: Leonie und Björn sitzen auf einer Wippe. Leonie hat trotz ihrer Größe nur eine Masse von 40 kg und sitzt in 2 m Entfernung vom Drehpunkt der Wippe auf dem einen Ende. Björn setzt sich mit seiner Masse von 45 kg auf die andere Seite. Wo muss er sitzen, damit die Wippe im Gleichwicht bleibt, wenn beide nicht mit den Füßen den Boden berühren? Warum wird hier die Masse der Wippe nicht beachtet?

Übung 6: Die drei Freunde haben bestimmt einen Fernsehapparat in ihrem Haus. Wie du wahrscheinlich weißt, erscheint das Fernsehbild bei den älteren Geräten auf der vorderen Fläche einer Bildröhre, die im Inneren nahezu luftleer ist. Deshalb übt der normale Luftdruck von 1 bar auf die Oberfläche dieser Röhre eine sehr starke Kraft aus. Wie groß ist diese Kraft, die auf die Vorderfläche der Röhre wirkt? Rechne mit einer üblichen Größe von 55 cm · 40 cm.

Übung 7: Die Hobbyastronomin Leonie begibt sich mit Arne auf eine Reise durch unser Sonnensystem. Sie landen dabei auf mehreren Planeten, die ja alle eine andere Gravitationskraft aufweisen. Die Ortskonstanten der Planeten musst du für die Berechnungen der nächsten zwei Aufgaben kennen:
Merkur : g = 3,53 N/kg
Venus : g = 8,53 N/kg
Mars : g = 3,73 N/kg
Jupiter : g = 25,9 N/kg
Die Reise dauert sehr lange und der Proviant von Leonie und Arne beinhaltet auf der Venus noch 120 kg Schokolade. Wie groß ist dort die Gewichtskraft der Schokolade? Viel später befinden sie sich auf einem anderen Planeten. Zwei Drittel der Schokolade ist verspeist, aber die Gewichtskraft des Restes ist dort genauso groß wie damals auf der Venus. Auf welchem Planeten befinden sich Leonie und Arne?

Übung 8: Leonie und Arne haben eine Federwaage mit einer Federhärte von D = 30 N/m im Gepäck. Daran hängen sie sieben 100 g-Tafeln Schokolade und messen eine Verlängerung der Feder um 8,2 cm. Auf welchem Planeten befinden sie sich? Zur Berechnung benötigst du auch das Hooke'sche Gesetz.

Übung 9: Wieder auf der Erde angekommen, bastelt Arne weiter an seinem alten Radio. Er kennt sich mit den Gesetzmäßigkeiten des elektrischen Stroms gut aus – du auch? Die Spannung einer Stromquelle beträgt 24 V. Die drei Widerstände
$R_1 = 60\ \Omega$
$R_2 = 80\ \Omega$ *und*
$R_3 = 100\ \Omega$
werden alle in Reihe geschaltet. Rechne die Stromstärke und die Spannungen an den einzelnen Widerständen aus.

Übung 10: Die Widerstände aus Übung 9 werden nun alle parallel geschaltet. Wie groß ist hierbei die gesamte Stromstärke bzw. die Stromstärke in den einzelnen Widerständen? Wie groß ist der gesamte Ersatzwiderstand?

Übung 11: Leonie, Arne und Björn haben sich nach ihrem Abenteuer etwas Entspannung verdient. Die Sauna im Keller von Familie Veiste müssen die drei Freunde aber zunächst aufheizen. Ein elektrischer Saunaofen mit einer Leistung von 9 kW wird mit einer Spannung von 400 V betrieben. Der Ofen ist eine halbe Stunde lang ununterbrochen in Betrieb. Wie groß ist die gesamte Stromstärke im Saunaofen? Wie viel Energie wird in dieser Zeit verbraucht? Wie lange könnte man mit dieser Energie eine Energiesparlampe mit einer Leistung von 7 W betreiben? Berechne auch hier die Stromstärke bei U = 230 V.

Lösungen

Übung 1: Physik ist eine Naturwissenschaft, die Modellvorstellungen entwickelt, damit wir Vorgänge in der unbelebten Natur besser verstehen und vorhersagen können. Experimente dienen dazu, diesen Vorgängen besser auf die Spur zu kommen und die physikalischen Modellvorstellungen zu untermauern – oder auch zu verwerfen. Die Mathematik liefert uns das Handwerkszeug zur Beschreibung der Naturvorgänge in Form von Gleichungen und Diagrammen.

Übung 2: Diese Apparatur nennt man Flaschenzug. Die erforderliche Zugkraft F_Z ergibt sich aus der Lastkraft F_L aus der Gleichung $F_Z = \frac{1}{n} F_L$ mit n ≙ Anzahl der tragenden Seilstücke. $\Rightarrow F_L = n \cdot F_Z = 4 \cdot 420\ \text{N} = 1680\ \text{N}$. Die vierfache Kraft erfordert den vierfachen Weg, also 6 m Seil. Die Gewichtskraft der maximal zu hebenden Last kann nicht berechnet werden, da die losen Rollen – mit unbekanntem Gewicht – auch hochgezogen werden.

Übung 3: Eine Sicherung springt heraus oder brennt durch, wenn es zu einem Kurzschluss im Stromkreis kommt oder durch einen Defekt zu viel Strom durch ein elektrisches Gerät fließt. Die Sicherungen begrenzen den Strom und schützen somit die Leitungen vor Überhitzung oder sogar Kabelbränden. Die Angabe der Größe in Ampère gibt die maximale Stromstärke an, die in diesem Stromkreis fließen darf.

Übung 4: Die Reifen drehen durch, wenn die Motorkraft auf die Räder größer ist als die Haftkraft des Gummis auf der Straße.
Wir kennen die Haftreibung, die Gleitreibung und die Rollreibung.
Öl im Motor verhindert die Haftreibung (Kolbenfresser) und verringert die Gleitreibung der Kolben. Öl in Kugellagern verringert die sowieso schon kleine Rollreibung. Öl an den Bremsen oder auf der Straße reduziert die Haft- und Gleitreibung (Unfallgefahr!).

Übung 5: $v = \frac{s}{t}$ $\quad t = 10\ \text{min} = 600\ \text{s} \quad s = 1{,}8\ \text{km} = 1800\ \text{m}$

$$\Rightarrow V_1 = \frac{1800\ \text{m}}{600\ \text{s}} = 3\,\frac{\text{m}}{\text{s}} = 3 \cdot \frac{\frac{1}{1000}\ \text{km}}{\frac{1}{3600}\ \text{h}} = 3 \cdot 3{,}6\,\frac{\text{km}}{\text{h}} = 10{,}8\,\frac{\text{km}}{\text{h}}$$

ist seine normale Geschwindigkeit. In $^2/_3$ der Zeit muss seine Geschwindigkeit $^3/_2$-mal so groß sein, also $V_2 = 4{,}5\,\frac{\text{m}}{\text{s}} = 16{,}2\,\frac{\text{km}}{\text{h}}$.

Übung 6: Es ist das Modell der Elementarmagnete. Man stellt sich vor, dass ein Magnet aus vielen winzigen Elementarmagneten (Dipole) besteht, die alle in die gleiche Richtung zeigen. Dies bedeutet, dass die Kräfte in der Mitte eines Magneten sich gegenseitig aufheben und an den Enden einen gemeinsamen Nord- bzw. Südpol bilden.

Übung 7: Mit Magnetisierung bezeichnet man die Ausrichtung der magnetischen Dipole eines ferromagnetischen Stoffes, der zuvor nach außen unmagnetisch war. Dies geschieht mithilfe von starken Magnetfeldern. Weichmagnetisch: Die Dipole lassen sich leicht ausrichten, gehen aber auch schnell wieder in einen ungeordneten Zustand über (Eisen).

Hartmagnetisch: Die Elementarmagnete behalten ihre Ausrichtung nach der Magnetisierung bei (Stahl, spezielle Legierungen).

Übung 8: Nein, die Stärke des Drucks ist nur abhängig von der Tiefe, in der man sich befindet.

$p_{Wasser} = h \cdot g \cdot p$; $h = 5\ m$; $g = 9{,}81\ \frac{N}{kg} \approx 10\ \frac{N}{kg}$; $\rho = 1\ \frac{g}{cm^3} = 1000\ \frac{kg}{m^3}$

$\Rightarrow\ p_{Wasser} = 5 \cdot 10 \cdot 1000\ Pa = 50.000\ Pa = 500\ hPa$

$\Rightarrow\ p_{gesamt} = p_{Wasser} + p_{Luft} = 1500\ hPa$ mit $p_{Luft} = 1000\ hPa$

Der Druck in 5 m Wassertiefe nimmt um 50 % zu.

Übung 9: Für das Produkt aus Druck und Volumen in Gasen gilt:

$p \cdot V = const.$ – aber nur bei gleichbleibender Temperatur!

Wenn der Luftdruck sinkt, dann vergrößert sich das Volumen, d. h., es entweicht Luft aus dem Raum. $V_{Raum} = 67{,}5\ m^3$

$1010\ hPa \cdot 67{,}5\ m^3 = 975\ hPa \cdot x$

$$\Rightarrow\ x = \frac{1010\ hPa}{975\ hPa}\ 67{,}5\ m^3 \approx 69{,}9\ m^3$$

Die Differenz $69{,}9\ m^3 - 67{,}5\ m^3 = 2{,}4\ m^3 = 2400$ l Luft entweichen.

Übung 10: Weißes Licht, wie es z. B. von der Sonne oder einer Glühlampe kommt, besteht aus dem gesamten Spektrum aller sichtbaren Farben. Dies kann man zeigen, wenn man dieses Licht mithilfe eines Prismas in seine Spektralfarben zerlegt. Von einem weißen Blatt Papier werden alle Spektralfarben reflektiert und ein schwarzer Körper absorbiert das sichtbare Spektrum komplett. Ein roter Ball erscheint uns nur rot, weil hier die Komplementärfarbe Grün absorbiert wird und der Rest des Spektrums in unserem Gehirn einen roten Farbeindruck erzeugt.

Übung 11: Ein Lichtjahr ist keine Zeiteinheit, sondern die Entfernung, die das Licht in einem Jahr zurücklegt.

Die Lichtgeschwindigkeit beträgt etwa 300.000 km/s. Daraus kann man berechnen, welchen Weg das Licht in einem Jahr zurücklegt.

1 Jahr = 365 · 24 · 60 · 60 s = 31.536.000 s $\Rightarrow$

1 Lj = 300.000 km · 31.536.000 = 9.460.800.000.000 km

$\approx$ 9,5 Billionen km

Teilt man nun ein Lichtjahr durch die astronomische Einheit erhält man:

9,5 Billionen km : 150 Millionen km $\approx$ 63.000

1 Lichtjahr ist etwa das 63.000-fache der Entfernung Erde-Sonne.

Übung 12: Licht breitet sich geradlinig aus, was beim Schattenwurf gut zu beobachten ist. Ein Lichtstrahl ist das Denkmodell eines sich geradlinig ausbreitenden sehr feinen Lichtbündels. Der Strahlenverlauf wird bei der Reflexion und der Brechung des Lichtes geändert. Das Reflexionsgesetz besagt, dass der einfallende, der reflektierte Lichtstrahl und das Lot in einer Ebene liegen. Außerdem sind der Einfalls- und der Reflexionswinkel gleich groß.

Übung 13: Unsere Erde und der Mond werden von der Sonne beleuchtet, und so entsteht auf der sonnenabgewandten, unbeleuchteten Seite jeweils ein Schatten. Da nun Erde und Sonne umeinander kreisen, kommt es vor, dass sich der Mond im Schattenbereich der Erde (Mondfinsternis) und auch die Erde im Schattenbereich des Mondes (Sonnenfinsternis) befindet. Der Radius der Erde ist etwa 3,67-mal so groß wie der des Mondes, also ist die Fläche des entsprechenden Schattenbereichs etwa $13\frac{1}{2}$-mal größer. Der Mond wirft nur einen kleinen Schatten auf die Erdoberfläche, sodass die Sonnenfinsternis nur in einem schmalen Korridor auf der Erde zu beobachten ist.

Übung 14: Heiße Lichtquellen: Sonne, Sterne, Feuer, Kerzenflamme, Öllampe, Glühlampe, glühende Lava, glühendes Eisen, Blitz

Kalte Lichtquellen heizen ihre Umgebung nicht so stark auf: Leuchtstofflampe, Leuchtdiode, Glühwürmchen, Leuchtfische.

Lichtquellen zweiter Ordnung erzeugen selbst kein Licht, sondern sie streuen das Licht anderer Quellen: Mond, Planeten , Wände ... (alle Gegenstände, die wir sehen können und die selbst nicht leuchten).

Übung 15: Das Wasser auf der Oberfläche der Erde verdunstet, wird in der Atmosphäre in andere Gebiete geweht und geht als Niederschlag auch in höheren Lagen nieder. Es sammelt sich zu Bächen und Flüssen und kann dort als Wasserkraft zu unserer Energieversorgung beitragen. Der Energielieferant dieses Wasserkreislaufs ist die Sonne! Organismen, die vor Hunderten von Millionen Jahren mit der Energie der Sonne geschaffen wurden, finden wir heute verborgen unter der Erdoberfläche als Kohle oder auch Erdöl wieder. Auch sie sind streng genommen Lieferanten von Solarenergie, die aber lange Zeit in der Erde gespeichert blieb. Sehr große Probleme schaffen diese nicht regenerativen Energiequellen aber durch eine zusätzlichen Belastung mit den schädlichen CO_2-Emissionen.

Übung 16: Wir verwenden das Gesetz von Boyle und Mariotte:
$p \cdot V = \text{const.}$ und berechnen zunächst das Volumen bei 1 bar.
3 bar in einem Volumen von 20 l entsprechen 60 l bei 1 bar. Herr Baumgarten muss also 40 l Luft nachfüllen (20 l sind schon drin).
Im Kompressor mit 8 bar und 25 l befinden sich 8 · 25 l = 200 l Luft bei 1 bar. 40 l werden in den Reifen gefüllt, d. h., es sind noch 200 l – 40 l = 160 l (bei 1 bar) im Druckbehälter.
$1 \text{ bar} \cdot 160 \text{ l} = p \cdot 25 \text{ l} \quad \Rightarrow \quad p = 160/25 \text{ bar} = 6{,}4 \text{ bar}$

Übung 17: Die Gezeiten werden durch Gravitationskräfte, d. h. Anziehungskräfte zwischen großen Massen, ausgelöst. Der Mond hat eine entsprechend große Masse, die auf die Erde und dadurch auch auf das Wasser der Erdoberfläche eine große Anziehung ausübt. Aber auch die Sonne wirkt mit ihrer Gravitationskraft. Wenn nun – wie z. B. bei Neumond – die Sonne und der Mond in einer Richtung von der Erde aus zu sehen sind, verstärken sich diese Kräfte und es kommt zu einer stärkeren Flut, die man Springtide nennt. Bei Halbmond ist die Nipptide entsprechend niedriger.

Übung 18: Planeten sind nicht selbst leuchtende Himmelskörper, die um die Sonne kreisen. Die acht bekanntesten Planeten sind: Merkur, Venus, Erde, Mars, Jupiter, Saturn, Uranus, Neptun; wobei Merkur der Sonne am nächsten steht. Von der Größe her erdähnlich sind Merkur, Venus, Erde und Mars. Die anderen vier sind deutlich größer. Es gibt noch wesentlich kleinere Planeten als die aufgezählten. Sie werden Planetoiden genannt und befinden sich zumeist im Raum zwischen Mars und Jupiter.

Übung 19: Das Gerät zur Geschwindigkeitsmessung im Auto heißt Tachometer. Mit ihm kann man die momentan gefahrene Geschwindigkeit bestimmen.
Mit den Angaben einer gesamten Zeit und Strecke kann man nur eine durchschnittliche Geschwindigkeit berechnen:

$$\bar{v} = \frac{585 \text{ km}}{7{,}5 \text{ h}} = 78 \frac{\text{km}}{\text{h}} = 78 \frac{1000 \text{ m}}{3600 \text{ s}} = \frac{78}{3{,}6} \frac{\text{m}}{\text{s}} = 21{,}\bar{6} \frac{\text{m}}{\text{s}}$$

Familie Baumgarten fährt also mit einer Durchschnittsgeschwindigkeit von $21,\overline{6}$ m/s = 78 km/h an den Urlaubsort.

Übung 20: Die Höhenenergie W ist gegeben durch $W = G \cdot h$ mit der Gewichtskraft $G = m \cdot g \Rightarrow W = m \cdot g \cdot h = 60\ \text{kg} \cdot 9{,}81\ \text{N/kg} \cdot 200\ \text{m} = 117.720\ \text{Nm} \approx 118\ \text{kJ}$.

Björn erhöht zusammen mit dem Rad seine Höhenenergie um 118 kJ, egal welchen Weg er benutzt!

Übung 21: Die Lochkamera kommt im Gegensatz zum Fotoapparat ohne Linse aus. Es entstehen bei beiden Systemen umgekehrte Bilder auf dem Speichermedium und der Abbildungsmaßstab lässt sich nach dem gleichen Gesetz $A = B/G = b/g$ berechnen. Die Bildschärfe ist bei der Lochkamera umso besser, je kleiner die Lochblende wird – unabhängig von der Gegenstandsweite. Doch je kleiner die Blende wird, desto weniger Licht fällt auf das zu belichtende Medium. Eine Linsenkamera hat im Gegensatz dazu eine große Öffnung, sodass viel mehr Licht genutzt werden kann. Die Bildschärfe ist hier abhängig von der Einstellung der Bildweite b und der Qualität der Linsen.

Übung 22: Ein Körper behält seine Geschwindigkeit nach Betrag und Richtung bei, wenn an ihm keine Kräfte angreifen. Dieses Gesetz beschreibt die Trägheit eines Körpers. Prallt nun das Rad gegen eine viel größere Masse, wird es sofort abgebremst, es erfährt eine sehr starke negative Beschleunigung.

Björn ist ja nicht fest mit seinem Rad verbunden, d. h., sein Körper behält – durch die Trägheit – die Geschwindigkeit zunächst bei. Da er nun kein Rad mehr unter sich hat, wird er durch die Gravitationskräfte unweigerlich im Bogen unsanft auf der Straße landen. Dort erfährt er durch die Reibungskräfte eine negative Beschleunigung, bis auch er keine Geschwindigkeit mehr hat.

Übung 23: Kräfte wirken auf einen Körper, wenn dieser …

… schneller wird (Beschleunigungskräfte),
… langsamer wird (Bremskräfte),
… seine Bewegungsrichtung ändert (Gravitation, Magnetkräfte ...),
… deformiert wird (Verformungskräfte),
… wärmer wird (Reibungskräfte ...).

Übung 24: Ein geschlossener Stromkreis zur Beleuchtung besteht zumindest aus …

… einer Stromquelle (Batterie, Generator ...),
… Leitungen (z. B. aus Kupferdraht),

... einem Verbraucher (Glühlampe, Leuchtstofflampe ...),
... einem Schalter (zum Unterbrechen des Stromkreises),
... Isolatoren (Kunststoffe zum Schutz ...).

Übung 25: Die Grundlage unserer Zeiteinheit ist die Drehung der Erde um ihre eigene Achse. Eine vollständige Umdrehung dauert einen Tag (d). Ein Tag (d) hat 24 Stunden (h), eine Stunde hat 60 Minuten (min) und eine Minute wiederum 60 Sekunden (s).

Diese Unterteilung ist historisch gewachsen.

$$\Rightarrow \quad 1\ \text{d} = 24 \cdot 60 \cdot 60\ \text{s} = 86.400\ \text{s} \quad \Rightarrow \quad 1\ \text{s} = \frac{1}{86.400}\ \text{d}$$

Zeitpunkte bestimmen wir mit Uhren aller Art und geben die Uhrzeit an. Zeitspannen werden z. B. mit einer Stoppuhr gemessen.

Übung 26: Die Temperatur wird mit einem Thermometer gemessen.

Die bei uns gebräuchliche Temperaturskala ist nach dem Physiker Anders Celsius benannt. Der Eispunkt des Wasser und sein Siedepunkt (bei normalem Druck von 1013 hPa) sind die beiden Fixpunkte der Celsius-Skala. Der Abstand zwischen dem Eispunkt (0 °C) und dem Siedepunkt (100 °C) auf einem Thermometer teilt man in 100 gleiche Teile, die man Grade nennt. Diese Einteilung setzt man oberhalb und unterhalb der genannten Punkte in gleichen Schritten fort.

Übung 27: Bei einem Thermometer nutzen wir die Tatsache, dass sich Flüssigkeiten beim Erwärmen ausdehnen. Wird eine Flüssigkeit in einem Behälter erhitzt, kann man den Flüssigkeitsstand in diesem Behälter als Maß für die Temperatur festlegen. Je dünner nun das Glasrohr mit der Flüssigkeit ist, desto schneller steigt ihr Spiegel bei der Erwärmung und kleinere Temperaturunterschiede sind so besser messbar.

Andere Temperaturskalen sind z. B. Fahrenheit (32 °F = 0 °C, 212 °F = 100 °C) oder Kelvin (273,15 K = 0 °C, 373,15 K = 100 °C).

Übung 28: Die Masse eines Körpers ist an jedem Ort gleich, egal ob auf der Erde, auf dem Mond oder in der Schwerelosigkeit des Weltalls. Die Gewichtskraft ist die Anziehungskraft, die auf die Körper wirkt. Sie ist umso größer, je größer die Masse des Körpers ist. An verschiedenen Orten hat sie andere Werte. Körper, auf die am gleichen Ort die gleiche Gewichtskraft wirkt, haben gleiche Massen. Für Leonies Bücher bedeutet dies nun, dass sie auf dem Mond die gleiche Masse haben, aber ihre Gewichtskraft dort geringer ist. Körper *haben* Massen, da die Masse eine Eigenschaft von Körpern ist. Sie *erfahren* eine Gewichtskraft, weil Anziehungskräfte auf sie einwirken.

Übung 29: Die Masse des Bücherstapels würde auf dem Mond und auf dem Mars ebenfalls $m = 14$ kg betragen. Die Gewichtskraft G berechnet sich mit der Formel $G = m \cdot g$.

$G_{Erde} = 14\ kg \cdot 9{,}8\ N/kg = 137{,}2\ N$
$G_{Mond} = 14\ kg \cdot 1{,}6\ N/kg = 22{,}4\ N$
$G_{Mars} = 14\ kg \cdot 3{,}7\ N/kg = 51{,}8\ N$

Übung 30: Mit der Muskelkraft ihres Arms beschleunigt Leonie die Bücher in Richtung der Tischkante. Auf der Erde und dem Mond werden die Bücher in Richtung Fußboden beschleunigt, sobald sie die Tischoberfläche verlassen haben. Da diese Gravitationskräfte auf dem Mond viel geringer als auf der Erde sind, ist die Beschleunigung nach unten entsprechend schwächer und die Bücher landen weiter entfernt und nach einer längeren Zeitspanne auf dem Boden. In der Raumstation gibt es keine Gravitationskräfte, die merklich auf die Bücher wirken. Also bewegen sie sich in der Richtung weiter, in die sie Leonie beschleunigt hat. Die Kraft, die Leonie aufbringen muss, um die Masse zu beschleunigen, ist überall gleich. Nur kommen auf der Erde und dem Mond noch unterschiedliche Reibungskräfte dazu, die sie zusätzlich überwinden muss.

Übung 31: Das Volumen einer 1 m langen Folie, die 30 cm breit und 0,013 mm dick ist, berechnet sich so:

$V_{1m} = 1000\ mm \cdot 300\ mm \cdot 0{,}013\ mm = 3900\ mm^3 = 3{,}9\ cm^3$

Die Angabe der Dichte von 2,7 g/cm³ bedeutet, dass 1 cm³ Aluminium eine Masse von 2,7 g hat. Mit dem Dreisatz kann man das Volumen von 1 kg = 1000 g Alu berechnen:

$$V_{1\ kg} = \frac{1000\ g}{2{,}7\ g} \cdot 1\ cm^3 \approx 370\ cm^3$$

Teilt man nun V_{1kg} durch V_{1m}, erhält man die Länge der Rolle: $370 : 3{,}9 \approx 95$. Die 1 kg-Rolle Alufolie ist also etwa 95 m lang.

Übung 32: Die Schallgeschwindigkeit in der Luft beträgt ca. 340 m/s. Da der Schall nun 1,5 s unterwegs ist, ergibt sich der Weg zu $s = v \cdot t = 340\ m/s \cdot 1{,}5\ s = 510\ m$. Das ist aber nicht die Entfernung von Leonie zur Wand, denn der Schall muss ja hin- und zurücklaufen. Also ist die Wand 510 m : 2 = 255 m entfernt.

Übung 33: Für den Betrag der Gewichtskraft gilt die Beziehung:
$G = m \cdot g \Rightarrow$ für die Masse $m = G / g$. Mit $G = 200\ N$ und $g = 9{,}81\ N/kg$ ergibt sich die maximale Masse für diese Tüte zu $m = 200 / 9{,}81\ kg \approx 20{,}4\ kg$.

Die Tüte würde theoretisch am Nordpol schneller reißen, da dort die Ortskonstante g etwas größer ist und die maximale Masse dadurch etwas kleiner. $g_{Nordpol} = 9{,}83\ N/kg$ ($g_{Äquator} = 9{,}78\ N/kg$)

Übung 34: Ein Blitz ist eine heftige elektrische Entladung, entweder zwischen Luftschichten in den Wolken oder zwischen den Wolken und der Erde. Der Donner ist der hörbare Schall dieser Entladung. Das Licht eines Blitzes ist praktisch sofort durch unsere Augen wahrnehmbar. Aber der Schall, den der Blitz verursacht, benötigt eine gewisse Zeit, bis er zu hören ist. Wir zählen nun die Sekunden zwischen Blitz und Donner. Aus der Schallgeschwindigkeit in der Luft von 340 m/s ergibt sich dann, dass der Donner etwa drei Sekunden für die Strecke von einem Kilometer benötigt. Das Sprichwort ist falsch, denn alle Bäume – besonders frei stehende – sind emporragende Ziele für einen Blitzeinschlag. Wenn man auf freier Fläche von einem Gewitter überrascht wird, sollte man sich stattdessen möglichst kleinmachen!

Übung 35: Die Fotometrie beschäftigt sich ganz allgemein mit Strahlungen und ihren Größen. In der Lichtoptik misst man mit Fotometern die Lichtstärken des sichtbaren Lichts. Die Astrophysik benutzt Fotometer zur Helligkeitsmessung von Sternen, Galaxien und Planeten. Dabei vergleicht man immer die zu messende Lichtstärke mit einer bekannten Normallichtquelle.

Übung 36: Dauermagnete werden durch Erhitzen entmagnetisiert. Da im Inneren unserer Erde Temperaturen von bis zu 3000 °C herrschen und die Erde dort auch flüssig ist, kann man das Magnetfeld der Erde nicht mit der Theorie eines riesigen Dauermagneten erklären.

Magnetfelder werden auch durch elektrische Ströme erzeugt (z. B. Elektromagnet). Man nimmt nun an, dass elektrische Ströme im Inneren der Erde das Magnetfeld erzeugen. Durch die Rotation der Erde fallen so auch die magnetischen Pole mit den geografischen in etwa zusammen. Dieses Problem der Geophysik ist bis heute noch nicht restlos geklärt.

Übung 37:

$$v = \frac{100\ m}{9{,}77\ s} \approx 10{,}24\ \frac{m}{s} = 10{,}24 \cdot 3{,}6\ \frac{km}{h} \approx 36{,}86\ \frac{km}{h}$$

Der 100-m-Sprinter läuft mit einer durchschnittlichen Geschwindigkeit von 10,24 m/s oder 36,86 km/h. In der Durchschnittsgeschwindigkeit eines 100-m-Läufers ist die Beschleunigungsphase am Anfang des Laufes mit eingerechnet. Bei einem Staffellauf übernimmt der zweite, dritte und vierte

Läufer den Stab bei voller Geschwindigkeit, d. h., dort entfällt die Beschleunigungsphase und die Durchschnittsgeschwindigkeit wird dadurch größer.

Übung 38: Das Prinzip von Kraft und Gegenkraft kann so erklärt werden: Wenn ein Körper auf einen anderen eine Kraft ausübt, dann übt der andere Körper auf den ersten eine Gegenkraft aus. Dabei haben Kraft und Gegenkraft die gleichen Beträge, aber entgegengesetzte Richtungen. Wenn Leonie die Kugel stößt, übt die Kugel auf Leonie eine Gegenkraft aus. Diese macht sich aber nicht als Rückstoß bemerkbar, da Leonie durch die Spikes ihrer Schuhe fest auf dem Boden haftet. Außerdem ist ihre Masse deutlich größer als die der Kugel (größere Trägheit).

Übung 39: Die im Boot liegenden Sandsäcke verdrängen die Wassermenge, die so viel wiegt wie die Sandsäcke. Im Wasser verdrängen sie nur ihr eigenes Volumen, was wegen der viel höheren Dichte von Sand entsprechend kleiner ist. Das bedeutet, dass der Wasserspiegel beim Versenken der Sandsäcke sinkt.

Übung 40: Das liegt an der Trägheit der verschiedenen Körper. Die Trägheit eines Körpers ist umso größer, je größer seine Masse ist. Die Kraft, die Leonie zum Beschleunigen aufbringen kann, ist zwar viel kleiner als die Kraft des Lkw-Motors, dafür ist aber die zu beschleunigende Masse viel kleiner. Die Masse des Fahrrades hat mit Leonie zusammen eine so kleine Trägheit, dass sie beim Start an der Ampel schneller ist als der Lastwagen.

Übung 41: Um etwas sehen zu können, benötigt man zunächst Licht von einer selbst strahlenden oder auch reflektierenden Lichtquelle, d. h., es muss ein „Sender" vorhanden sein. Als Nächstes ist ein „Empfänger" notwendig. Diese Aufgabe übernimmt unser Auge. Auf seiner Rückseite befinden sich Sehzellen, die das einfallende Licht in elektrische Signale umwandeln und an unser Gehirn weiterleiten. Dort werden die ankommenden Signale so weiterverarbeitet, dass wir uns die „Botschaft" vom Lichtsender vorstellen können.

Übung 42: Die beiden Möglichkeiten des Nichtdurchdringens eines Körpers sind die Reflexion und die Absorption. Im Falle der Reflexion werden die Lichtstrahlen vom Körper wieder zurückgestrahlt und bei der Absorption wandelt der Körper die Strahlen in Wärme um. Spiegel und weiße Flächen reflektieren den größten Teil des einfallenden Lichtes, andere Körper absorbieren einen verschieden großen Anteil und reflektieren nur den Rest. Schwarze Körper wandeln den größten Teil der Strahlung in Wärme um und reflektieren kaum sichtbares Licht.

Übung 43: Wir wissen – auch aus Erfahrung –, dass man sein Spiegelbild nur in glatten Flächen sehen kann (Glasscheiben, ruhige Wasseroberflächen, Spiegel ...). Diese reflektieren das einfallende Licht in eine bestimmte Richtung, die durch das Reflexionsgesetz beschrieben wird. Raue, nicht spiegelnde Flächen und Körper reflektieren zwar auch das einfallende Licht, aber die Strahlen werden dabei diffus in alle Richtungen gestreut.
Übung 44: 1. Stabile Gleichgewichtslage: Ein Ball liegt in einer Mulde oder einem Loch. Ein kleiner Schubs, und er rollt wieder in seine Gleichgewichtslage zurück. Man muss Höhenenergie aufbringen, um ihn herauszuholen. 2. Labile Gleichgewichtslage: Ein Ball wird auf dem Kopf oder einem anderen Ball balanciert. Ein kleiner Schubs, und er kehrt nicht mehr in diese Position zurück und verliert Höhenenergie. 3. Indifferentes Gleichgewicht: ein Ball auf einer horizontalen Fläche. Man kann ihn hinlegen, wo man will, er bleibt dort liegen und hat überall die gleiche Höhenenergie.
Übung 45: So viel vorweg: Es ist egal, wie weit man vom Spiegel entfernt steht – probiere es aus! Der Spiegel, in dem man sich von Kopf bis Fuß sehen kann, muss mindestens halb so groß sein wie die Person, die hineinschaut, und seine Oberkante sollte dabei mittig zwischen Scheitel- und Augenhöhe liegen. Er darf natürlich auch größer sein.
Übung 46: Bei der Talfahrt wird die Höhenenergie zunächst in Bewegungsenergie umgewandelt. Hat man eine bestimmte Geschwindigkeit erreicht, erhöht sich die Bewegungsenergie nicht weiter, wenn die Geschwindigkeit mithilfe der Bremsen am Rad konstant gehalten wird. Die Höhenenergie wandelt sich nun an den Bremsen in innere Energie um, was sich an der Erwärmung der Bremsbeläge bemerkbar macht. Die Geschwindigkeit wird ebenso durch den Luftwiderstand und die Reibung begrenzt.
Übung 47: Die elektrische Leistung P ist der Quotient aus Energie W und

Zeit t: $P = \frac{W}{t} \Rightarrow W = P \cdot t$

Mit P = 1200 W; t = 0,5 h $\Rightarrow$ W = 1200 W · 0,5 h = 600 Wh = 0,6 kWh
Außerdem ist P das Produkt aus Spannung U und Stromstärke I.

$P = U \cdot I \Rightarrow I = \frac{P}{U}$

Mit P = 1200 W; U = 230V $\Rightarrow I = \frac{1200\ W}{230\ V} \approx 5{,}2\ A$

Mit 5,2 A liegt man noch weit unter dem Maximalwert der Sicherung von 10 A.

Übung 48: Die Zeit ergibt sich mit $P = \frac{W}{t}$ zu $t = \frac{W}{P}$

Glühlampe 75 W: $t = \frac{W}{P} = \frac{1\ kWh}{75\ W} = \frac{1000\ Wh}{75\ W} \approx 13\ h$

Energiesparlampe 13 W: $t = \frac{W}{P} = \frac{1000\ Wh}{13\ W} \approx 77\ h$

Man kann also mit dieser Energiesparlampe etwa sechsmal länger lesen – bei gleichem Energieverbrauch. Anmerkung: Energiesparlampen haben zwar einen höheren Anschaffungspreis, der aber mehr als wettgemacht wird durch die Energieeinsparung und die längere Lebensdauer dieser Lampe.

Übung 49: Das Ohm'sche Gesetz besagt, dass die Spannung proportional zur Stromstärke ist: $U \sim I$. Mit der Definition eines Widerstands R als Quotient aus Spannung und Strom ergibt sich: $R = \frac{U}{I}$

Der Widerstand eines Drahtes: $R = \rho \cdot \frac{l}{A}$ mit

l = Länge des Drahtes (direkte Proportionalität)

A = Querschnittsfläche des Drahtes (indirekte Proportionalität)

ρ = spezifischer Widerstand (Materialeigenschaft)

Übung 50: Den Vorgang der Helligkeitsanpassung nennt man Adaptation. Einen Teil dieser Adaptation übernimmt die Pupille, indem sie sich entsprechend weitet oder verengt, um den Lichteinfall zur vergrößern oder zu reduzieren. Der andere Teil der Adaptation findet auf der Netzhaut statt. Dort befinden sich zwei Arten von Lichtempfängern: die Zapfen sind für das helle Tageslicht und die Farbunterscheidung zuständig und die Stäbchen helfen, uns in dunkler Umgebung zurechtzufinden. Das „Umschalten" zwischen diesen beiden verschiedenen Sehzellen benötigt beim Wechsel von hell nach dunkel mehr Zeit als umgekehrt.

Übung 51: Die Materie besteht aus kleinsten Teilchen: den Atomen und Molekülen. Fester Zustand: Die Moleküle oder Atome haben einen festen Platz im Gefüge des Stoffes und sind dadurch auch als Körper fest. Zwischen ihnen wirken Anziehungskräfte. Flüssiger Zustand: Die Teilchen einer Flüssigkeit werden durch die Anziehungskräfte zwar immer noch dicht beieinander gehalten, sie sind aber untereinander leicht verschiebbar. Gasförmiger Zustand: Die Atome und Moleküle eines Gases haben sehr große Abstände zueinander und die Anziehungskräfte zwischen ihnen spielen keine Rolle mehr.

Übung 52: Gemeint ist hier die Akkommodation. Diese Anpassungsfähigkeit ermöglicht uns, nahe und ferne Gegenstände immer scharf zu sehen, obwohl nach dem Abbildungsgesetz die Bildweite immer unterschiedlich wäre, aber die Netzhaut fest an ihrem Platz bleibt. Der Ziliarmuskel bewirkt eine Verformung der Augenlinse und damit eine Änderung ihrer Brennweite. So kann die Abbildung immer scharf auf die Netzhaut fallen – vorausgesetzt, man hat keinen Augenfehler.

Übung 53: Das Drehmoment M gibt das Drehvermögen einer Kraft F an, die mit dem Kraftarm r auf ein Wellrad wirkt. Dabei steht dieser gedachte Kraftarm immer senkrecht zur Wirkungslinie der Kraft und zeigt selten auch gleichzeitig zu ihrem Angriffspunkt: $M = F \cdot r$. Im Beispiel der Pedalkurbel wird der Kraftarm am längsten, wenn er senkrecht zur Kraftrichtung, also waagerecht nach vorn zeigt. Zeigt die Pedalkurbel nach oben oder unten, also parallel zur Kraftrichtung, wird der Kraftarm praktisch null und die aufgewandte Kraft verliert ihre Wirkung. Das Drehmoment M ist also bei gleicher Krafteinwirkung am größten, wenn die Pedalkurbel nach vorn zeigt.

Übung 54: Der Schlüssel wurde mithilfe von Magnetkräften angezogen. Die Größe der Magnetkraft ist abhängig vom Magnet selbst und vom Abstand zwischen Magnet und Schlüssel. Wäre dieser weiter entfernt zu Boden gefallen, hätte die Magnetkraft keine Wirkung mehr auf den Schlüssel gezeigt. Nur Gegenstände aus ferromagnetischen Stoffen wie z. B. Eisen, Nickel und Kobalt erfahren eine starke Anziehungskraft auf Magnete. Der Versuch mit Schlüsseln aus anderen Materialien hätte nicht zum gewünschten Ziel geführt.

Übung 55: In den Lichtleitern nutzt man die Totalreflexion des Lichtes. Ein Lichtbündel wird beim Übergang von einem optisch dichteren Medium (Wasser) in ein optisch dünneres (Luft) an der Grenzfläche vom Einfallslot weg gebrochen, aber teilweise auch reflektiert. Je größer nun der Einfallswinkel wird, desto größer wird der Anteil des reflektierten Lichtes. Beim Überschreiten eines bestimmten materialabhängigen Grenzwinkels wird der Lichtstrahl vollständig (total) reflektiert.

Übung 56: In einer Parallelschaltung werden die elektrischen Ströme aufgeteilt: $I = I_1 + I_2 + I_3 + \ldots$ Die Spannungen bleiben hier an jedem Verbraucher gleich.

Für den Ersatzwiderstand gilt: $= \frac{1}{R} + \frac{1}{R_1} + \frac{1}{R_2} + \frac{1}{R_3} + \ldots$

In einer Serien- oder Reihenschaltung fließen durch alle Verbraucher die gleichen Ströme, aber die Spannung wird unterteilt: $U = U_1 + U_2 + U_3 + \ldots$ Für den Gesamtwiderstand gilt hier: $R = R_1 + R_2 + R_3 + \ldots$

Übung 57: In einem geschlossenen Stromkreis fließt ständig elektrische Ladung in Form von Elektronen. Diese Elektronen prallen dabei auf die Atome des Drahtes und regen diese zu starken Schwingungen an, d. h., die Temperatur erhöht sich. Bei einem sehr dünnen Glühdraht müssen nun viele Elektronen durch einen sehr kleinen Querschnitt hindurch und erhitzen dabei den Draht so stark, dass er anfängt zu glühen. Ein glühender Draht sendet nicht nur Licht aus, er ist leider auch sehr heiß. Nur etwa 5 % der elektrischen Energie wird in Licht umgesetzt, der Rest ist Wärmeverlust.

Übung 58: Die Sonne ist die Quelle des Lichtes. Die Oberfläche des Mondes reflektiert das Licht diffus in alle Richtungen. Ein Teil davon gelangt zur Erde und dient dort als Lichtquelle zweiter Ordnung. Die Lichtstrahlen des Mondes werden wiederum von den beleuchteten Flächen reflektiert und so gelangt das Sonnenlicht doch noch in unser Auge. Natürlich gibt es wie bei jeder Lichtquelle auch hier Schatten, und zwar in den Bereichen, die von den Lichtstrahlen nicht erreicht werden.

Übung 59: Ein Scheinwerfer besteht aus einer Lichtquelle, der Glühlampe, und einer Vorrichtung, die das Licht in eine bestimmte Richtung reflektiert. Dies gelingt mit einem Hohlspiegel, in dessen Brennpunkt die Glühwendel der Lampe möglichst genau positioniert wird. Parallele Strahlen werden von einem Hohlspiegel im Brennpunkt vereinigt, und umgekehrt verlaufen Strahlen aus dem Brennpunkt nach der Reflexion an der gekrümmten Oberfläche parallel in einer Richtung.

Lösungen Abschlusstest

Übung 1: Die fünf wichtigsten Grundeinheiten:

Länge	Meter	m	
Zeit	Sekunde	s	
Masse	Kilogramm	kg	
elektr. Stromstärke	Ampère	A	(André Marie Ampère)
Temperatur	Kelvin	K	(William Kelvin)

Die folgenden daraus abgeleiteten Einheiten werden mit dem Namen großer Naturforscher vereinfacht:

Kraft	Newton	N	(Isaac Newton)
Druck	Pascal	Pa	(Blaise Pascal)
Leistung	Watt	W	(James Watt)
Arbeit	Joule	J	(James Prescott Joule)
Temperatur	Grad Celsius	°C	(Anders Celsius)
elektr. Spannung	Volt	V	(Alessandro Volta)
elektr. Widerstand	Ohm	Ω	(Georg Simon Ohm)
elektr. Ladung	Coulomb	C	(Charles Auguste de Coulomb)

Übung 2: Wir berechnen die Gegenstandsweite mit dem

Abbildungsmaßstab $A = \frac{b}{g} = \frac{B}{G} \Rightarrow g = \frac{G}{B} \cdot b$

Gegenstandsgröße $G = 150\text{ cm}$
Bildgröße $B = 6\text{ cm}$ $\Rightarrow g = \frac{150\text{ cm}}{6\text{ cm}} \cdot 30\text{ cm} = 750\text{ cm}$
Bildweite $b = 30\text{ cm}$

Die Freunde müssen sich mindestens 7,5 m entfernt aufstellen.

Übung 3: Linsengleichung $\frac{1}{g} + \frac{1}{b} = \frac{1}{f} \Rightarrow \frac{1}{b} = \frac{1}{f} - \frac{1}{g}$

$$\frac{1}{b} = \frac{1}{20\text{ cm}} - \frac{1}{60\text{ cm}} = \frac{3}{60\text{ cm}} - \frac{1}{60\text{ cm}} = \frac{2}{60\text{ cm}} = \frac{1}{30\text{ cm}} \Rightarrow b = 30\text{ cm}$$

Die Bildweite beträgt 30 cm und die Bildgröße ergibt sich zu:

$$B = \frac{b}{g} \cdot G = \frac{30\text{ cm}}{60\text{ cm}} \cdot 15\text{ cm} = 7{,}5\text{ cm}$$

Übung 4: $v = 3\frac{\text{mm}}{\text{s}} = 0{,}003\frac{\text{m}}{\text{s}} = 0{,}003 \cdot 3{,}6\frac{\text{km}}{\text{h}} = 0{,}0108\frac{\text{km}}{\text{h}}$

$$v = \frac{s}{t} \quad \Rightarrow \quad t = \frac{s}{v} = \frac{3{,}5\ \text{m}}{0{,}003\ \frac{\text{m}}{\text{s}}} = 1166{,}\overline{6}\ \text{s} = 19{,}\overline{4}\ \text{min}$$

Die Schnecke benötigt also fast 20 Minuten, um diese Straße zu überqueren.

Übung 5: Damit die Wippe im Gleichgewicht bleibt, muss das Drehmoment $M = F \cdot r$ auf beiden Seiten gleich groß sein. Es gilt:

$F_1 \cdot r_1 = F_2 \cdot r_2$ und mit $F = m \cdot g \Rightarrow$

$m_1 \cdot g \cdot r_1 = m_2 \cdot g \cdot r_2 \quad |:g$

$m_1 \cdot r_1 = m_2 \cdot r_2 \quad \Rightarrow \quad r_1 = \frac{m_2}{m_1} \cdot r_2 = \frac{40\ \text{kg}}{45\ \text{kg}} \cdot 2\ \text{m} \approx 1{,}78\ \text{m}.$

Björn muss in etwa 1,78 m Entfernung vom Drehpunkt der Wippe sitzen, damit diese im Gleichgewicht bleibt. Die Masse der leeren Wippe wird nicht berücksichtigt, weil im Gleichgewicht auf beiden Seiten die gleichen Drehmomente wirken.

Übung 6: Der Druck p, den eine Kraft F auf die Fläche A ausübt, ist definiert als: $p = \frac{F}{A} \Rightarrow$

$F = p \cdot A = 1\ \text{bar} \cdot 55\ \text{cm} \cdot 40\ \text{cm} = 100.000\ \text{Pa} \cdot 2200\ \text{cm}^2$

$= 100.000\ \text{N/m}^2 \cdot 0{,}22\ \text{m}^2 = 22.000\ \text{N} = 22\ \text{kN}$

Auf die Vorderfläche der Bildröhre wirkt eine Kraft von 22.000 N.

Übung 7: Die Gewichtskraft ist gegeben durch $G = m \cdot g$

$\Rightarrow G_{Venus} = 150\ \text{kg} \cdot 8{,}53\ \text{N/kg} \approx 1280\ \text{N}$

Unbekannter Planet: $g_{Planet} = \frac{G}{m} = \frac{1280\ \text{N}}{50\ \text{kg}} = 25{,}6\ \frac{\text{N}}{\text{kg}}$

Leonie und Arne befinden sich nun auf dem Jupiter.

Übung 8: Hooke'sches Gesetz:

$F = D \cdot s$ (Kraft = Federhärte D · Federverlängerung s)

$F = 30\ \text{N/m} \cdot 0{,}082\ \text{m} = 2{,}46\ \text{N}$

Hier wirkt als Kraft die Gravitationskraft $G = m \cdot g \Rightarrow$

$g = \frac{G}{m} = \frac{2{,}46\ \text{N}}{0{,}7\ \text{kg}} \approx 3{,}51\ \frac{\text{N}}{\text{kg}} \quad \Rightarrow$ Sie befinden sich auf dem Merkur.

Übung 9: $R = R_1 + R_2 + R_3 = 60\ \Omega + 80\ \Omega + 100\ \Omega = 240\ \Omega$

$I = \frac{U}{R} = \frac{24\ \text{V}}{240\ \Omega} = 0{,}1\ \text{A} = 100\ \text{mA}$

$U_1 = R_1 \cdot I = 60\ \Omega \cdot 0{,}1\ \text{A} = 6\ \text{V}$

$U_2 = R_2 \cdot I = 80\ \Omega \cdot 0{,}1\ \text{A} = 8\ \text{V}$

$U_3 = R_3 \cdot I = 100\ \Omega \cdot 0{,}1\ \text{A} = 10\ \text{V}$

Übung 10: $U_1 = U_2 = U_3 = U \Rightarrow$

$$I_1 = \frac{U}{R_1} = \frac{24\ \text{V}}{60\ \Omega} = 0{,}4\ \text{A}$$

$$I_2 = \frac{U}{R_2} = \frac{24\ \text{V}}{80\ \Omega} = 0{,}3\ \text{A}$$

$$I_3 = \frac{U}{R_3} = \frac{24\ \text{V}}{100\ \Omega} = 0{,}24\ \text{A}$$

$I = I_1 + I_2 + I_3 = 0{,}4\ \text{A} + 0{,}3\ \text{A} + 0{,}24\ \text{A} = 0{,}94\ \text{A}$.

Berechnung des Gesamtwiderstandes mit den Einzelwiderständen

$$\frac{1}{R} = \frac{1}{R_1} + \frac{1}{R_2} + \frac{1}{R_3} = \frac{1}{60\ \Omega} + \frac{1}{80\ \Omega} + \frac{1}{100\ \Omega} = \frac{20}{1200\ \Omega}$$

$$\frac{15}{1200\ \Omega} + \frac{12}{1200\ \Omega} = \frac{47}{1200\ \Omega}$$

$$\Rightarrow R = \frac{1200\ \Omega}{47} \approx 25{,}5\ \Omega$$

oder: $R = \frac{U}{I} = \frac{24\ \text{V}}{0{,}94\ \text{A}} \approx 25{,}5\ \Omega$

Übung 11: Die Stromstärke berechnet sich mit der Leistung:

$$P = U \cdot I \quad \Rightarrow \quad I = \frac{P}{U} = \frac{9000\ \text{W}}{400\ \text{V}} = 22{,}5\ \text{A}$$

Die Energie ergibt sich aus:

$W = P \cdot t = 9.000\ \text{W} \cdot 0{,}5\ \text{h} = 4.500\ \text{Wh} = 4{,}5\ \text{kWh}$

Die Zeit, in der man ununterbrochen eine 7 W-Lampe mit dieser Energie betreiben kann, errechnet sich zu:

$$t = \frac{W}{P} = \frac{4500\ \text{Wh}}{7\ \text{W}} \approx 643\ \text{h} \approx 27\ \text{d}.$$

Dabei fließt ein Strom der Stärke $I = \frac{P}{U} = \frac{7\ \text{W}}{230\ \text{V}} \approx 0{,}03\ \text{A} = 30\ \text{mA}$